代数的構造

遠山 啓

筑摩書房

目　次

まえがき

第1章　構造とはなにか

- §1. パターン認識 …………………………… 13
- §2. 構造・同型 ……………………………… 16
- §3. 分析・総合 ……………………………… 19
- §4. 集合・構造・公理 ……………………… 20
- §5. 歴史的展望 ……………………………… 25
- §6. ヒルベルトの先駆者 …………………… 41
- §7. カントルの集合論 ……………………… 45
- §8. 無限の論理 ……………………………… 47
- §9. 集合算 …………………………………… 49

第2章　数学的構造

- §1. ブルバキの分類 ………………………… 53
- §2. 構造とアルゴリズム …………………… 59

第3章　群

- §1. 操　作 …………………………………… 63
- §2. 群の定義 ………………………………… 71
- §3. 部分群 …………………………………… 75
- §4. 要素の位数 ……………………………… 80

§5.　4辺形の分類 ………………………… 89
§6.　抽象的な群 …………………………… 95
§7.　群の自己同型群 ……………………… 102
§8.　準同型 ………………………………… 105
§9.　対称群 ………………………………… 114
§10.　自己同型 ……………………………… 115
§11.　共役類 ………………………………… 118
§12.　対称群の共役類 ……………………… 121
§13.　可換群の構造定理 …………………… 124
§14.　群の直積 ……………………………… 129
§15.　可換群の直積 ………………………… 133
§16.　一意性 ………………………………… 139
§17.　同型定理 ……………………………… 142
§18.　抽象から具体へ ……………………… 146
§19.　群の表現 ……………………………… 148

第4章　環と体

§1.　自然数から整数へ …………………… 157
§2.　整数の構成 …………………………… 166
§3.　0の存在 ……………………………… 170
§4.　乗法の定義 …………………………… 174
§5.　2つの方法の比較 …………………… 177
§6.　環の定義 ……………………………… 179
§7.　環の同型・準同型 …………………… 186
§8.　体の定義 ……………………………… 194
§9.　可換体の分類 ………………………… 195

§10.	最小の体	198
§11.	整数の剰余環	201
§12.	整域	205
§13.	商体の構成	207
§14.	多項式環における分解	214
§15.	対称関数	221
§16.	体の拡大	225
§17.	単純拡大	229
§18.	既約多項式による拡大	232
§19.	分解体	237
§20.	有限体	238
§21.	体の代数的拡大	244
§22.	完全体	246
§23.	原始要素	247

第5章 ガロアの理論

§1.	歴史的考察	251
§2.	体の条件	253
§3.	ガロアの理論の基本定理	256
§4.	有限体の場合	259
§5.	共役体	260
§6.	ガロア群が巡回群のとき	262
§7.	群論的準備	266
§8.	交代群	267
§9.	組成列	271
§10.	代数方程式の可解性	278

§11. n次の一般的方程式 ……………………… 282
§12. 円分方程式 ……………………………… 293
§13. 定木とコンパスによる作図 ……………… 300

第6章　構造主義

§1. 空間的と時間的 ………………………… 309
§2. 開いた体系，閉じた体系 ………………… 310

これ以上学ぶ人のために ……………………… 317
練習問題の解答 ………………………………… 319
解　説（銀林　浩）…………………………… 323
索　引 …………………………………………… 331

代数的構造

まえがき

　構造という概念はいつごろから数学という学問のなかに登場してきたか？　それに答えることはむつかしい．
　ごく素朴な意味であったら，数学という学問の発生と同時に生まれて，その発展とともにその概念は純化されていったと考えることができよう．しかし，それがはじめて意識的な形で姿を見せたのはやはりヒルベルトの1899年の『幾何学の基礎』であったといえよう．ここで構造の概念——ヒルベルトはその語を使わなかったが——が確立され，そこから20世紀の現代数学がはじまったとみることができよう．
　そしてそれはこの学問にどのような衝撃を与えただろうか．
　まず第一にこの構造の概念は数学という学問の守備範囲を大きく拡大したということができよう．それまでは，数学の主な研究対象は数や図形であるとされていたが，構造が数学の主要な研究対象であるとなると，数や図形以外の命題や論理なども数学の枠内にはいってくることになった．そして数学と他の諸科学との接触を一層多様かつ密接にした．これまで数学とは縁もゆかりもないと思われていた学問分野と数学とのつながりを新しくつくり出した．
　それは他の諸科学そのものの内的発展の結果であると同

時に，数学が"構造の科学"へと発展していった結果でもある．

　第二の影響は構成的方法の出現であろう．

　たとえば現代以前の数学の中心であった微分積分学は客観的世界の諸現象を忠実に写し出し，それを精密に分析するための顕微鏡のような役割を果たした．そこには現実世界からの乖離の心配はなかった．

　しかし，構造の内包する構成的方法は，現実世界のなかに対応物を有しない空想的な構成物をつくり出したといえよう（それらの実例は本書の至るところに発見できるだろう）．それらは将来のある時点では現実の世界において対応物を見出すことができるかも知れないし，またその可能性も大いに存在するのであるが，少なくとも現在の時点では，現実的対応物を有しない1つの空想的構成物にすぎない．

　そのような空想的構成物の存在を保証するものは現在のところは，それらの内的整合性にほかならない．

　1つの構造を決定するものがある1つの公理系であるとすると，その公理系の内的整合性，すなわち，無矛盾性が証明されねばならない．その証明を目的とする証明論という新しい学問分野を開いたのはヒルベルトであるが，それは彼にとっては自然ななりゆきであった．

　ヒルベルトによって開かれた現代数学は，このようにして，実在と数学との関係について鋭い疑問を提起したといえる．

本書の内容をなしている代数的構造はより一般的な数学的構造の一部分をなすものである．

　本講座の趣旨にそってすべての読者に理解できることを念頭において書き進めていったつもりである．そのためには重要ではあっても難解だと思われるテーマは割愛せざるを得なかった．たとえば最初のプランでは多元環まで書きたかったが，これはやはり分量の点で見送らざるを得なかった．

　ただガロアの理論だけはどうしても除くことはできないと思った．それは構造そのものが静的なものから動的なものに転化せざるを得ないことを示すための絶好な実例だからである．

　ただガロアの理論にはいろいろ面倒なところがあるので，まず大意を理解しておいて，その後で細かい条件に立ち入る，という読み方をすすめたい．

　筆者が長年大学で講義してきた経験によると，代数的構造ははじめて学ぶ人々にとって決して理解しやすい概念ではないようである．そのことを念頭において，できるだけ簡単でわかりやすい実例をあげることにつとめたつもりである．

　　　　1972 年 5 月

　　　　　　　　　　　　　　　　　　　　　　著　者

第1章 構造とはなにか

§1. パターン認識

　数学はもっとも古い学問の1つである．歴史上のどういう時点でこの学問が生まれたかをはっきりいうことは，もちろんできない．およそ，1つの学問は某月某日，突然生まれるようなはじまり方はしないものだからである．しかし，エジプト，バビロニア，古代インド，古代中国などの古代農業国家が出現したときには，もうかなり程度の高い数学が成立していたことが，知られている．それはおそらく5千年，もしくは6千年の昔になるだろう．そのような時代から，人類は営々としてこの学問を育ててきたのである．このように悠久の昔から，数学という学問の底に一貫して流れているものはいったい何であろうか．人間のもっているどのような特性が，この学問を創り出し，それを今日のような高さと深さにまで育て上げたのであろうか．

　"数学"という名が示すように，それは"数の学"であり，数こそが数千年の長きにわたって数学の核心をなしてきたものであろうか．たしかに数がこの学問のもっとも重要な柱の1つであったことはいうまでもないことである．

しかし，数だけがこの学問の唯一の柱であったか，というと多くの疑問が起こってくる．たとえば幾何学をとりあげてみよう．それは図形や空間に関する学問であって，必ずしも"数の学"ではない．幾何学の理論的体系を最初に打ち立てたユークリッド（Euclid, 330?-275? B.C.）の『原論』には，数はほとんど登場してこない．ユークリッドは数を意識的に避けながら，この『原理』を書いたといわれているが，ともかくもそのようなことが可能であったのである．

"数の学"としてこの学問を定義することがむずかしいとなると，どう定義したらその本質を正しくつかみ出すことができるだろうか．いうまでもなく，数千年にわたって発展してきた学問をわずか数行の説明で断言的に規定してしまうことはおよそ不可能である．

だが，人間のどのような特性が数学を創造し，発展させてきたかを言い当てることはできるかも知れない．

私はここで1つの仮説を提起しよう．それは，人間のもっている，そして人間だけに高度に恵まれている形態に対する認識能力が数学の本当の起源なのだ．

それは今日流行の表現をかりれば，パターン認識の能力であるといってもよい．今日，驚異的な能力をもったコンピューターが出現しつつあるが，それは一定のプログラムを設定してやれば人間をはるかに超える能力を発揮することはよく知られている．だがこのことに幻惑されて人間の能力について悲観的になる人がいるとしたら，それは愚

かなことだ．人間は自分自身よりはるかに速く走る自動車や，飛ぶことのできる飛行機をつくり出したが，そのことによって人間不信になる必要がないのと同じく，自分自身より速く計算できるコンピューターがつくられたことによって，人間の知能に対する絶望感に陥る必要は少しもない．

　コンピューターがどれほど発達してもおそらく人間を追い越すことのできない能力が人間には備わっている．それこそ，ここでいうパターン認識そのものである．

　"あ"という字は，書家の書いたものと，幼児の書いたものとでは大きな違いがあっても，同じ字であることを認識できる．そのことさえおそらくコンピューターにとっては至難のわざであろう．コンピューターは膨大な量の情報を蓄積するだけの記憶装置を備えていて，その点では人間は遠く及ばない．しかしコンピューターに欠けているのは，それらの膨大な情報量から必要なものだけをとり出して，不必要なものを捨てる能力である．これはいわば抽象とその裏側になっている捨象の能力なのである．この点では人間がコンピューターの追随を許さないのである．書家の書いた"あ"の字と幼児の書いた"あ"の字には，その相違点をあげれば無数の差異があるにちがいないが，その相違点は捨てて共通の形態だけを描き出すことができる．そのような能力を人間は備えている．

　人間がどうしてこのようなパターン認識をもっているのか，その秘密は明らかにされていないようであるが，とに

かく，そのようなものを人間がもっていることは疑い得ないことである．

そしてこのような能力こそが数学という学問を創り出す源泉となったものであると思われる．数学のもっとも重要な柱とみなされてきた数にしても，究極的にはこのパターン認識にもとづいているといえよう．

1, 2, 3, …というもっとも初歩的な数にしても，やはりそうである．たとえば，2という数が生ずるためには，2個のリンゴ，2個のミカン，2人の人間，2匹の犬などの異なる物体のあいだにある共通の形態，もしくは同じパターンを抽象することができなければならない．このような能力は数学という学問の出発点をなしていると思われる．

§2. 構造・同型

広い意味でのパターン認識を数学の枠内に引きこんでくると，構造という概念が生まれてくる．

2, 3の例をあげてみよう．

整数6のすべての約数の集合は，つぎのようになる．

$$\{1, 2, 3, 6\}$$

これは1つの集合である．ここで，この集合の2つの要素のあいだに"約数—倍数"という関係を導入してみよう．そして，この関係をつぎのような形に書くことにしよう．

倍数
○
│
○
約数

そうすると，つぎのような図形で表わせる．

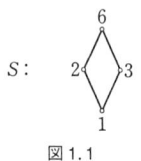

$$S: \quad \begin{matrix} & 6 & \\ 2 & & 3 \\ & 1 & \end{matrix}$$

図1.1

　これは単なる集合ではなく，その要素のあいだに何らかの相互関係がある．そのようなわけで，これはある仕組みをもった集合であり，このようなものを"構造"という．これを S で表わす．

　これに対して，$1, 2$ という数からできている集合 E を考えて

$$E = \{1, 2\}$$

そのすべての部分集合をあげてみる．

$$\{\ \}, \{1\}, \{2\}, \{1, 2\}$$

　この部分集合のあいだに"含む — 含まれる"という関係を考えて，前と同じ図をつくってみると，つぎのようになる．これも1つの構造である．これを S' で表わす．

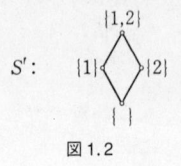

$$S': \quad \{1\} \diamondsuit \{2\} \atop \{\,\}^{\{1,2\}}$$

図 1.2

　これを前の S と比べてみると，この 2 つはまるで異なった要素から構成されている．しかし，その要素のあいだにある相互関係の型は同じである．つまり，このような場合 S, S' は同型であるという．

　もう 1 つの例をあげてみよう．

　血液型はつぎの 4 種ある．

$$\{O, A, B, AB\}$$

である．ここで"輸血可能"という関係を図示すると，つぎのようになる．

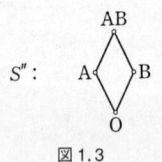

$$S'': \quad A \diamondsuit B \atop O^{AB}$$

図 1.3

　これを S'' とすると，この S'' も前の S, S' と同型になる．これは普通の言い方によると，S, S', S'' は同じパターンをもっている．

つまりパターンとは同型の構造のあいだにある共通の性質であるといってよい．

しかし，8 の約数の集合
$$\{1, 2, 4, 8\}$$
のあいだに "約数 — 倍数" の関係を導入して，それを図示すると，つぎのようになる．

$$\begin{array}{c} 8 \\ | \\ 4 \\ | \\ 2 \\ | \\ 1 \end{array}$$

これは個数は同じ 4 であるが，S とは同型ではない．

以上はもっとも簡単な例であるが，パターンや集合，構造という概念はつかめたと思う．

§3. 分析・総合

何かのパターンというものでは全体的な仕組みが問題になっているのである．だから，それの一部分だけを観察しても，その全体的構造をつかむことはできない．

しかし，いかに全体的構造を問題にするにしても，これを精密に研究しようとすれば，ひとつひとつの構成要素をシラミつぶしに吟味してみなければならない．つまり，いちど構成要素にまで分解して，それらの相互のつながりを確かめる必要がある．これは分析の手続きである．

たとえば，2つの3角形が相似であるかどうか，つまり広い意味で同型かを調べるには，まずそれらを3つの辺と3つの角に分解してみなければならない．

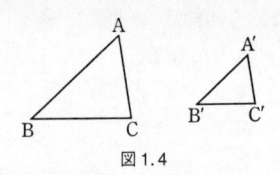

図1.4

そして，3つの辺が比例するか

$$\frac{AB}{A'B'} = \frac{BC}{B'C'} = \frac{CA}{C'A'}$$

それとも角が等しいか．

$\angle A = \angle A'$, $\angle B = \angle B'$, $\angle C = \angle C'$

を確かめねばならない．

そのように要素どうしの関係をひとつひとつ吟味して，それをまとめねばならない．つまりこれは総合に当たる．

§4. 集合・構造・公理

構造という言葉を正式に数学のなかに導入したのは，ブルバキ（N.Bourbaki）である．しばらくそのいうところに耳を傾けよう（ブルバキ『数学の建築術』）．

「ところで，上に述べた操作はどのような形で行なわれ

るのだろうか？　公理主義が，実験的方法にもっとも接近する点はまさにここなのである．公理主義は，デカルトの教えをうけついで，《よりよい解決のために，困難を分割する》．すなわち，それは，1つの理論の証明の中で，必要な推論のための主要な手段を分解しておこうというのである．それのつぎに，それらのひとつひとつを別々にとり上げ，抽象的原則によって排列し，それに固有の結果を展開しておく．そして最後に，問題の理論に立ち戻り，前に引き出された成分をふたたび複合し，それらが互いにどのように作用し合っているかを調べる．分析と総合をこのように組合せることは，昔からのことで，そこに新奇なものは何もない．われわれの方法の新しさはすべて，これを適用する仕方にひそんでいるのである．」

これは，ここでのべた分析・総合の方法について説明したものであるが，つぎに，構造の実例として群をあげたあとで，一般的定義をつぎのようにのべている．

「ここまでくれば，一般的に，**数学的構造**（structure mathématique）の意味を理解するのはそう困難ではない．この一般的なことばに包含されるいろいろな概念がもつ共通の特徴は，要素の性質が限定されない集合に，それが適用できるというところにある．数学的構造を定義するには，これらの要素を結びあわせる1つあ

るいは2つ以上の結合関係を与えればよい（群の場合には，これは任意の3つの要素の間の関係 $z=x\tau y$ であった）．そしてつぎに，この与えられた関係がある条件（それは列挙する）を満足させることを要請する．これが考えている構造の公理になるのである．与えられた構造の公理論を作ることは，考えている要素に関する他のすべての仮定（とくに，それに固有の《性格》に関するすべての仮定）を捨象して，その構造の公理から，論理的帰結を導くことである．」

これだけではやや理解に困難な点があると思われるので，もう少しくわしく説明してみよう．

ブルバキのこの言葉は『数学の建築術』という小論文から引用したものであるが，構造を建築に喩えたのは適切であると思われる．

建築物はどうしてできるか．まず土台，柱，梁などの建築材料を集めて，それをどこかに集積するであろう．ここまではまだそれは材料の集合にすぎない．土台の上に柱が立ち，柱と柱を梁がつなぐ，というようにはなっていない，つまりそれはまだ組立てられていないのであるから，それは単なる物体の集まり，つまり集合にすぎないのである．

この状態から出発して，土台が置かれ，土台の上に柱が立てられ，柱と柱が梁でつながれ，その間に壁がつくられて，1つの建物ができ上がる．そうなるともうそれは単な

る建築材料の集合ではなくなり，要素どうしが一定の相互関係，たとえば"この土台の上にはこの柱が立つ"，"この柱とこの柱とはこの梁でつなぐ"…等の相互関係で結びつけられた1つの構造となる．つまり構造とは集合に要素どうしの相互関係がつけ加えられたものである．図式的に書くと，つぎのようになるだろう．

構造 ＝ 集合＋相互関係

建築の場合ではこの相互関係は設計書，もしくは設計図によって示されている．

数学的構造の場合には要素どうしの相互関係は何によって与えられるか．それこそ，ブルバキのいうように公理，もしくはいくつかの公理の体系としての公理系である．つまりここでいう公理系は建築の設計図に相当するといえよう．

これは，従来の公理とはちがった意味をもっている．

たとえばユークリッドの『原論』では，公理としては，つぎのようなものがあげられていた．

「1点から他の点へ直線を引くことができる．」

「有限の線分はいくらでも延長できる．」

……

等である．

これは，もっとも単純であってしかも疑問の余地のない事実を提示したものと見なされてきた．そのことはこの『原論』の"定義"という部分をみるとはっきりする．

「定義1. 点とは部分をもたないものである．

定義 2. 線とは幅のない長さである.

　……　　　　　　　　　　　」

　この定義は幾何学の出発点である点や線が"何であるか",すなわち,それらの概念の現実的意味を規定したものであった.そして,このように定義された点や線のあいだにあるもっとも単純かつ自明な現実的関係を出発点として提示したのが,ユークリッドにおける"公理"の意味であった.そして公理とはユークリッド以来そのようなものと考えられてきた.だがここで公理の意味は大きく変わったのである.

　公理は構造を規定する設計図のごときものとなった.したがってそれは 1 つの仮説の一種となったともいえよう.

　もういちど前にあげた例に立ちかえってみよう.

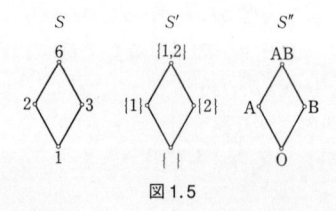

$$
\begin{array}{ccc}
S & S' & S'' \\
\end{array}
$$

```
      S              S'             S''
      6            {1,2}            AB
     ╱ ╲           ╱   ╲           ╱  ╲
    2   3        {1}   {2}        A    B
     ╲ ╱           ╲   ╱           ╲  ╱
      1             { }             O
```

図 1.5

　S の要素は 6 の約数であるから各要素は数であり,S' の各要素は集合であり,S'' の各要素は血液型であるから,S, S', S'' はまるでちがったものからできている.にもかかわらず,その相互関係のタイプは同じである.つま

り同型である，ということに注目すれば，これをつぎのような

```
      a
     ○
    ╱ ╲
 b ○   ○ c
    ╲ ╱
     ○
     d
```

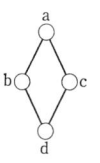

図1.6

という図式に書いたほうがさらにはっきりするだろう．ここでa, b, c, dは単なる文字であって，その各々が，"何であるか"についてはいかなる規定もなされていない．ただこの図式のなかの位置を示すだけの役割をもっている．それは，いわば空部屋のようなもので，数でも，集合でも，血液型でも自由に出入できるものである．つまり，a, b, c, dは旅館の客間に"松"，"竹"，"梅"という名前がついているようなものである．ヒルベルト（D. Hibert, 1862-1943）はこのようなものを"無定義語"とよんだ．

§5. 歴史的展望

以上のべた"構造"の概念は，考えようによっては数学の発生と同時に発生した，というより数学的思考の重要な柱の1つをなしている，ということもできよう．

たとえば

$$2+3=5$$

という式をとっても，それは
 2個のリンゴ＋3個のリンゴ ＝5個のリンゴ
 2個の石　　＋3個の石　　 ＝5個の石
 2匹の犬　　＋3匹の犬　　 ＝5匹の犬
 ……
という無数の事実が同一の構造をもつこと，もしくはたがいに同型であることを把握した上で，それらに共通の形式として2＋3＝5が得られたのである．

この同型性の認識が人間になかったら，数学という学問ははじめから生まれはしなかったであろう．

しかし，"構造"がはっきりと意識化され，数学を"構造の科学"とまでいい得るようになったのは何といっても20世紀になってからである．

そこで，この構造の本質をつかみやすくするために，以下において数学史の概観を試みることとしよう．

古代　数学という学問がいつ始まったかを正確に決定することは，もちろんできない相談である．旧石器時代の人間が木の実を数えるのに指を折ることに気づいたとしたら，それはすでに1対1対応を発見したのだから，もしそれが数学の始まりだとすれば，それは50万年もむかしのことになるだろう．

あるいは，整数の加減乗除が一応確立された時期を数学の誕生期とすれば，おそらくそれは新石器時代にはいってからであろう．

§5. 歴史的展望

　そのことがはっきりと遺跡や文献によって証拠立てられるようになったのは何といっても，エジプト，バビロニア，インド，中国等の古代文明の発生以後のことである．

　そこではすでに数百万の人口を擁する農業国家が成立していたのであるから，そのために必要な数学は当然創り出されねばならなかった．耕地の面積，道路の長さ，収穫高の測定等のためには加減乗除の計算は不可欠であったし，農業が必要とする季節を知るために天文観測が始まり，それはまた計算技術の発達を促した．あるいは徴税などの行政管理も今日の小学校程度の数学を要求した．また灌漑，その他の土木工事は初歩の幾何学の発達を刺激した．

　この時代の数学は，エジプト，バビロニア，インド，中国等において，それぞれに特有の性格をもってはいるが，共通にいえることは，実用的であり，経験的な段階に止まっている，ということである．

　そこには一般化，法則化への志向はほとんど皆無である．

　この時代の代表的な数学書であるエジプトのリンド・パピルスをとってもその特徴は明らかである．

　それは，類似の問題を同じ箇所に集めて，そこからある共通の型と共通の解法を自得させる仕組みになっていて，今日の数学書にあるような公理 — 定理 — 証明という体裁をとってはいない．換言すれば，一般的法則を抽出するという志向はそこには見られない．またそこで使用される用語もほとんど具体的なものに限られていて，数学に固有な

術語はきわめてわずかである．

以上のことから，古代の数学の主要な特徴を実用的であり経験的である，と規定するのは正しいだろう．

このような特徴が変化するのは古代ギリシャになってからである．

論証の出現　ギリシャ七賢人の1人としてあげられるのはターレス（Thales, 624?-546? B.C.）であるが，彼は"2等辺3角形の底角は等しい"という定理をはじめて証明したと伝えられている．あるいは"2角と夾辺の等しい2つの3角形は合同である"という定理も彼によって証明されたともいわれている．ターレスは書きものを残さなかったので，彼がいかなる方法でそれらを証明したかは，明らかでないが，ともかく，そこに証明という論理的方法すなわち論証の方法が登場したことは数学史における画期的なできごとであった．

経験的な科学であり，現実的世界と直接密着していた数学は，このときから論理の力によって，その内部で自己増殖することが可能となった．それは数学にとって離陸を意味していた．その離陸は数学に測り知れない力と展望とを与えたと同時に，数学が現実から遊離する危険をももちこんだのである．

なぜ古代ギリシャにおいて，論理の方法が発生したか，ということは数学史の枠を越えた，文化史，もしくは思想史の枠のなかで答えねばならない問題であろう．だから，

この問題に深入りすることは避けるが，おそらく，つぎのように言って，だいたいまちがいないだろう．

　ギリシャ，とくにアテネの市民のあいだには民主主義が発達し，そこでは自由な討議が盛んに行なわれた．そのことはプラトン（Platon, 427-347 B.C.）の『対話篇』がよく物語っている．複数の人のあいだに対話が成立し得るためには，共通の出発点と共通の論理がなければならない．そのことは論理学の発達を促した．また共通の出発となるのは，数学においては公理もしくは公準であった．

　このようにして，古代ギリシャは論証という方法をつくり出したが，その方法を集大成したのはアレキサンドリアのユークリッドであった．彼の『原論』13巻はそれまでに得られた，主として幾何学の成果を定義，公理，公準，定理，証明という整然たる形に展開したものである．

　ここに論証的方法が確立されたといっても過言ではない．しかし，ユークリッドの方法は万能ではなく，他の面では大きな欠陥をもっていた．それははなはだしく静的であって，動的ではなかったということである．それは確かに，静止し変化しないものに対しては威力をもっていたが，運動し変化するものには適用しにくいものであった．

　ユークリッドの『原論』は長いあいだ，数学書の模範とみなされ，したがってそのなかの論証的であり演繹的であり，また静的であるという特徴は古代につぐ次の時代——これをわれわれは中世とよぶことにしよう——の数学の主要な特徴となった．

もちろん，長い時代のあいだには例外も起こり得る．そのもっとも著しい例はアルキメデス（Archimedes, 287?-212 B.C.）であった．彼は動的な方法を駆使して，今日の微分積分学の一歩手前のところまで到達したのであった．彼の達成は長い中世的数学における狂い咲きともいうべきものであったが，同時代によって継承されることはできなかった．

中世的数学の枠を打ち破って動的な方法をはじめて確立したのはデカルト（R. Descartes, 1596-1650）であった．そのことによって彼は近代数学の基礎をおいたのである．

近代哲学の出発点となった『方法序説』の付録として書かれた『幾何学』は何にもまして座標による方法を確立したことで，不朽の書となった．

いうまでもなく座標は平面上の点 P を 2 つの数の組 (x, y) によって表わそうとするものである．このことは今日の言葉で表わせば平面を 2 つの直線の直積に分解することにほかならない．

$$P \longrightarrow \begin{cases} x \\ y \end{cases}$$

このことによって，平面上の図形の性質が，2 つの数 x, y のあいだの解析的関係によって表現されることになった．このようにして幾何学が解析学もしくは代数学と直結されるようになった．それまでには個々別々に孤立した学問であった幾何学，代数学，解析学が座標を通じて一体となったのである．

ユークリッドの方法が静止した図形の研究に適しているのに対して，座標を用いる解析幾何学は，平面上の任意の点を座標で表わし得るから，点の運動を描写することができるようになり，運動や変化をとらえることができるようになった．そのことは不動と静止の中世的数学から運動と変化の近代数学への大きな転換を意味していた．

デカルトが活動した 17 世紀は"科学革命"という言葉が使われるほど，自然科学が飛躍的に進歩した時代であった．その中でも 16 世紀のコペルニクス（N. Copernicus, 1473-1543）の地動説はガリレオ（G. Galilei, 1564-1642）やケプラー（J. Kepler, 1571-1630）を経てニュートン（I. Newton, 1642-1727）の『プリンキピア』に至って見事な結末を見た．そこで決定的な役割を演じたのは微分積分学であった．数学のこの新しい分野はニュートン力学を創り出すために生まれたといっても過言ではないくらいである．

そして微分積分学にとって欠くことのできないものは関数概念の形式であった．function という言葉は 1694 年にライプニッツ（G. Leibniz, 1646-1716）が書いた微分方程式に関する論文のなかにはじめて登場した．このことは興味がある．なぜなら微分方程式の目的は未知の関数を決定することだからである．

関数は近代数学の中心概念であるが，それは因果関係の数学的表現だからである．そのさい独立変数が原因，従属変数が結果である．だから，それは近代自然科学の主役と

なることができたのである．未知の自然法則の探究は数学的には未知の関数の探究に帰着することが多い．

未知の関数の探究は近代数学に課せられた新しい課題であったが，まずそこでもっとも重要な役割を演じたのは微分方程式であった．微分方程式のうちでもっとも単純であり，しかも典型的な型はいうまでもなくつぎのような1階常微分方程式であろう．

$$\frac{dy}{dx} = F(x, y)$$

このときの x を時間にとり，その時間の関数である変量 $y(x)$ ——いまのところ未知——の微小変化 dy の時間の微小変化 dx に対する比 $\frac{dy}{dx}$ が x, y によって定まっていることを意味している．だから瞬間 x の次の瞬間 $x+dx$ における y の値 $y+dy$ は $y+F(x,y)dx$ で与えられるわけである．そしてこのことが各瞬間ごとに与えられている．

だが，全体にわたる $y(x)$ の明示的な形はまだ知られていない．つまりこの微分方程式はアインシュタイン（A. Einstein, 1879-1955）のいわゆる微分法則を表わしているのである．

この微分法則から $y(x)$ の全体にわたる明示的な表現を求めることが微分方程式を解くことである．それはすなわち微分法則から積分法則を導き出すことにほかならない．

一般の微分方程式はもちろん，もっと複雑なものであるが，それらが微分法則を表現したものである点では変わり

はない．またそれを解くことが積分法則の探究に相当することも同じである．

ニュートンはこの微分方程式という強力な道具を駆使して，太陽系の運動法則を明らかにしたのである．これが近代数学の性格を決定したといっても過言ではない．

現代数学の出発点 その発展の過程がよく示しているように，近代数学は自然法則の探究のための道具として発展したのであり，それはあたかも自然の秘密を映し出す精巧なカメラのような性格をもっていた．

これに対して，現代数学の構造という概念が生まれたのはいつであったかをはっきり決定することはむつかしい．

E. T. ベル（E. T. Bell, 1883-1960）は 1801 年に公表されたガウス（C. F. Gauss, 1777-1855）の『整数論研究』をその端緒であるという．これも 1 つの注目すべき見解である．

整数論はその学問の性格からいって，自然法則の直接的反映とは見なすことのできない高度の構造——今日の言葉では代数的構造——が登場してくる．たとえば $\bmod m$ に対する既約剰余系がつくる乗法群などは自然現象のなかにその原型を見出すことはできない．あるいはまたオイラー（L. Euler, 1707-83）によって帰納的に発見され，ガウスによってはじめて証明された 2 次剰余の相互法則のごときものもやはり自然法則のなかには発見することはできない．

そういう点からみると，ガウスの創造した整数論は現代数学の先駆をなしたということができよう．

しかし，構造が真の意味で意識的に提起されたのは 100 年後 1899 年のヒルベルトの『幾何学の基礎』であろう．

この論文の一応の目標はユークリッド幾何学のよって立つべき必要かつ十分な公理系を打ち立てることにあった．しかし，その到達した点は，一幾何学の基礎づけに終るものではなく，その影響は数学全体に波及したのである．

元来，幾何学の公理系を設定することはきわめて困難な仕事である．なぜなら，点，直線，面という諸要素が，一定の直観的な意味をもっていてそのためにかえって，はじめに設定された公理系には含まれていない命題が知らず知らずのうちに潜入してくるおそれがあるからである．

そのことを避けるためには点，直線，面という言葉からは一切の常識的な意味をあらかじめ奪い去っておかねばならない．事実ヒルベルトはそのようにしたのである．そこでは点，直線，平面は単なる記号にすぎないものとされたのである．逆説によって人々を驚かすことを好んだヒルベルトは

「ここでいう，点，直線，平面は机，椅子，コップで置き換えてもよい．」

とも言った．

公理もしくはその集まりである公理系とは，そのようなもののあいだに規定された相互関係の型にすぎないものとなった．

§5. 歴史的展望

　このようにして点，直線，平面はそれ自身としての固有の性質をはぎとられて，一片の記号と化したのであるが，それらをヒルベルトは無定義語と名づけた．したがってそのあいだに規定された相互関係としての公理系も仮説的なものと化したのである．だからヒルベルトにおける公理はユークリッドの『原論』における公理とは同じ公理という言葉を使っていても，根本的に異なった意味をもつようになった．

　ユークリッドにおける公理は，もっとも単純で初歩的な事実を明確な命題の形に表現したものであった．しかしヒルベルトにおける公理はまったく1つの仮説であり，その真実性は実在と符合するか否かではなく，その公理系が内部矛盾を含むか否かによって検証さるべきものとなった．

　ここでしばらくヒルベルトの『幾何学の基礎』の構成を検討してみよう．そこには Definition（定義）という言葉は見当たらないで，その代わりに Erklärung（説明）が現われてくる．元来ユークリッド以来定義とは数学的概念と実在との照応関係を規定したものであったが，ヒルベルトはその言葉を避けている．

　つまり彼は無定義語から出発しているからである．

　彼の設定した公理系はつぎの5群から成り立っている．

(1)　結合の公理

(2)　順序の公理

(3)　合同の公理

(4) 平行の公理
(5) 連続の公理

そしてその叙述の方法に著しい特徴がある．

これらの5群の公理を冒頭に全部を提示してから，諸々の定理や系を証明していくのではなく，まず最初に第1群の結合の公理を提示してそれだけの公理を使って証明できる定理をのべ，つぎにまた第2群の公理を提示し，その範囲で成立する定理をのべる，という，いわば，公理を"小出し"に出していくやり方をとっているのである．

このことは何を物語っているのだろうか．

それは単一のユークリッド幾何学が目標であるのではなく，きわめて広汎な複数の幾何学をまず考え，そこから出発して，つぎつぎに公理を付加していくことによって，その範囲を狭めていき，最後にユークリッド幾何学が得られる，という仕組みになっているのである．

もし『幾何学の基礎』がユークリッド幾何学だけを目標とするものであったら，その意義はきわめて小さいものであったろう．事実はそうではなく，むしろユークリッド幾何学に到達するまでの途上に登場する無数の幾何学を創り出したことに重要性があるといわねばならない．

構造と実在　幾何学の原子ともいうべき，点，直線，平面等が単なる記号としての意味しかもたないようになったとしたら，幾何学そのものが客観的世界と何らのかかわり合

§5. 歴史的展望

いのない，空想的な構成物にすぎなくなるおそれはないだろうか．

　それは一応もっともな疑問である．たしかに無定義語のあいだに仮説的に相互関係を導入することであったら，それは実在からいかなる制限も受ける必要はない．そのさい公理系のあいだに論理的矛盾が存在しないように留意さえすればよいわけである．その限りにおいて数学は実在からの束縛を断ち切って完全な自由を獲得したともいえるが，その反面において数学はワイル（C. H. H. Weyl, 1885-1955）の言うようにチェスのゲームのような観念の遊戯と化してしまう危険に直面したといえる．内部的に整合してさえいればいかなる公理系も設定できるし，そこに無限の選択の自由が存在するが，その過度の自由を数学者はもてあますことはないだろうか．

　ブルバキにならって数学を建築術になぞらえてみよう．1つの建築物を実現するためにはまず建築家の頭脳のなかに1つの設計図が描き出される．そこには創造の自由がなければならない．ただその自由は完全な恣意の自由ではなく，まず第一にその設計図は内部的に整合していなければならない．もしそうでなかったら，建物は建てることができないだろう．またそれは重力の存在を考慮に入れなければならない．もしそうでなかったら，建物は崩壊してしまうだろう．以上のことは設計図が満たすべき最小限の必要条件である．

これと同じことが数学的構造についてもいえる．それが内部において整合的であることはその設計図，すなわち公理系の満たすべき最小限の必要条件なのである．

　だがそれは果たして十分条件であろうか．もちろん，そうではない．1つの建築物が"よい建築物"であるためには内部的整合性だけが十分な条件ではあり得ない．それだけでは建築物の人間とのかかわり合いが度外視されているからである．

　よい建築物であるためには，内部的整合性に加えて，居住性，機能性，さらに進んで審美性などが要求されてくる．

　数学的構造についても同様のことがいえる．それが"よい数学的構造"であるためには，内部的整合性のほかにさらに重要な条件が加わらねばならない．それは何であろうか．

　まずそれは，実在のなかにあまねく内在するものでなければならない．もしある数学者の頭脳のなかで構築された数学的構造が，内部的整合性をもちながら実在と何らのかかわり合いを有しないものであったら，それは"よい数学的構造"とはいうことができないし，また彼以外の数学者はそのようなものを研究しないだろう．つまり"よい数学的構造"は遍在性をもたねばならない．

　つぎに，それは単純かつ明瞭であって人間にとって考えやすいものでなければならない．これはよい建築物が美しくなければならないという審美性の条件に匹敵するもので

あろう．

　遍在性と審美性という以上の2条件にもっとも適合しているのは，おそらく群であろう．

　たしかに群は至るところにあまねく内在している．原子構造のなかにも，結晶体のなかにも，幾何学模様のなかにも，人がそのつもりで眺めさえすれば群は至るところに遍在している．

　また群は結合性と可逆性というきわめて単純な2つの条件によって定義される代数的構造である．それは単純さのもつ美しさに似たものさえもっている．

　無数に可能な構造のなかから，特に群が選び出されて集中的に研究され，数学における重要な一部門となったのは，それが遍在性と審美性という条件を満たす"よい数学的構造"であるからにほかならない．

　以上のように，ヒルベルトの『幾何学の基礎』は幾何学という一分野にとどまらず，数学と実在との固有の役割と，その相互の関連を明確にした画期的な労作であった．それはいったん2つを分離し，その後でそれらをより深く結びつけるという形で遂行されたのである．

　そのことは自然の結果として，数学者と他の分野の科学者との守備範囲を明らかにし，しかるのちに緊密な協力関係を打ち立てることを可能にした．

　アインシュタインはつぎのようにのべている．

「数学というものはもっぱら諸概念相互のあいだの関係

をとり扱い，それらと経験とのあいだの関係は考慮しません．物理学もまた数学的概念をとり扱います．しかしこれらの概念は経験的対象との関係を明確に決定することによってはじめて物理的内容を獲得するものです．これは運動，空間，時間の場合においてとくにそうです．」
(『晩年に想う』p.61, 講談社文庫)

これは数学者と物理学者，より一般的には他の分野の科学者の守備範囲をはっきりと区分し，その協力関係を明らかにしたものである．われわれの言葉に言いかえると，つぎのようになるだろう．

「数学者は自己の創造力を自由に羽ばたかせて，多様かつ多彩な概念を創り出せ，物理学者は数学者の創り出した多彩な構造のなかから，自己の目的に沿う構造を選び出してそれを実在の探究に役立てる．」

もちろん，この関係は一方通行ではなく，物理学者は自己の研究に必要な構造の創造を数学者に依頼し，数学者がそれに応じて新しい構造を組立てることもある．

このように数学者と物理学者との役割を区分したとすると，つぎのような問題が起こる．

数学者の創り出した多種多様な構造のなかには，ヒルベルトの『幾何学の基礎』において，ユークリッド幾何学に到達するまでの途中で登場してきた数多くの奇妙な空想的な幾何学のように，少なくとも現在までのところ何らの実在性を有しないものも数多くあり得る．このようなものは

どのように位置づければよいか．あるいは数学という学問から追放してしまうべきであろうか．

そのような空想的な構造に対してもきわめて寛容な態度をとろうとするのが現代数学の基本的姿勢の1つである．

元来，数学は有機的統一体であり，それは真理という鳥の大群をとらえるために張りめぐらされた大きな鳥網のようなものである．それは1つにつながっていることによって目的を達するのである．鳥が衝突して，それを捕えるのは網の一部分にすぎないが，鳥を直接捕えなかった他の部分は決して無用であったのではなく，それなくしては鳥は逃げ去ってしまったであろう．

つまり1つの有機的統一体としての網が鳥を捕えたのである．だからそのあらゆる部分は，直接，間接のちがいはあるにせよ著しく有用であったのである．

このように数学を有機的統一体とみるなら，空想的な構造にも市民権を与えるべきである．

§6. ヒルベルトの先駆者

ヒルベルトの『幾何学の基礎』は幾何学を構造とみなし，その構造の設計図に相当する公理系を設定することによって，構造の一般概念を確立したのであるが，ヒルベルトが突然このような思想に到達したとするのは誤りであろう．それは数学の発展のなかで長年月——約百年間——にわたって準備されたものであった．

さきにのべたように，構造の最初の登場をガウスの『整

数論研究』にあるという見方には一応の理由がある．たしかにそれは数多くの代数的構造の実例をはじめて提供したからである．しかし，そこにはまだ要素をヒルベルトの無定義語とみなす徹底した思想はなかった．

これに続いて，もっとも著しい業績はガロア（É. Galois, 1811-32）の理論であろう．それは四則に対して閉じている体という代数的構造の探究を正面の課題にすえ，それを解く鍵として体の自己同型のつくる群というもう1つの代数的構造を問題にしたのである．それは今日の構造を完全に意識したものとはいえないにしても，ほとんどそれに肉薄したものとはいい得るだろう．したがって歴史的には各種の構造のうちで代数的構造——とくに群が——もっとも早くから研究されていたといい得るだろう．

あるいは抽象的空間構成の点ではラグランジュ（J. L. Lagrange, 1736-1813）の力学における位相空間，グラスマン（H. G. Grassmann）の多次元線形空間，あるいはリーマン面などをあげることができよう．

しかし，『幾何学の基礎』への直接の衝撃となったのはいうまでもなく射影幾何学から非ユークリッド幾何学にわたる一連の発展であろう．

19世紀の初頭に創り出された非ユークリッド幾何学は当時の数学にはかり知れない影響を及ぼした．ユークリッド幾何学とは異なる平行線の公理をもち，しかも内部的整合性をもつ幾何学の存在は，点とは何か，直線とは何か，等について深刻な反省を要求するものであった．

§6. ヒルベルトの先駆者

さらにすすんでこの非ユークリッド幾何学をユークリッド幾何学のなかで実現させるところまで進んでいった．

たとえばポアンカレ（H. Poincaré, 1854-1912）はつぎのようなモデルを考えた．

まず，ユークリッド幾何における平面に引いた1直線の片側だけを"平面"と名づけよう．（境界の直線はふくまない．）

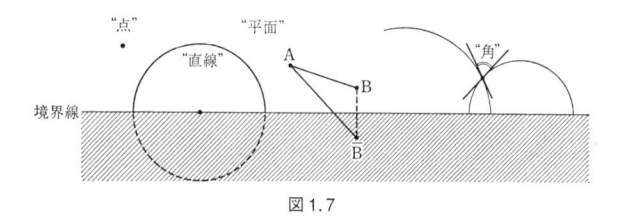

図1.7

そして"点"はユークリッド幾何学の点と同じ点である．しかし"直線"は境界線上に中心を有する半円（上方の部分）である．また2"点" A, B の"距離"は

$$[AB] = \log \frac{A\overline{B}+AB}{A\overline{B}-AB}$$

$\overline{B}$ は境界線に対して線対称の点であり，$A\overline{B}, AB$ はユークリッドの意味の距離である．

また2"直線"のなす"角"はその点における各々の接線のなす角——ユークリッドの意味での——と定義する．

このように"点""直線""平面""距離""角"を定義す

ることによって内部的整合性をもつ1つの構造——ロバチェフスキー（N.I. Lobačevskiĭ, 1793-1856）・ボヤイ（J. Bolyai, 1802-60）の幾何学——が創り出されたのである．そしてそれは平行線の公理だけがユークリッド幾何学と異なっているのである．この幾何学では"直線"（AB）外の1"点"（P）を通ってその"直線"と交わらない，すなわち平行な直線は無数に存在するのである（図1.8）．

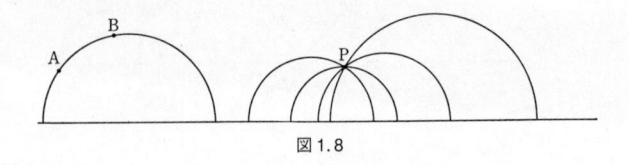

図1.8

このようなモデルでは"直線"は半円であり，"平面"は半平面である．

このようにユークリッド幾何学のなかで非ユークリッド幾何学のモデルをつくってみせたことは，実生活のなかで俳優がそれぞれの役を演ずる1つの劇を演出したようなものである．

このことから，点，直線，平面という要素は無定義語とすべきである．

もう1つの例をあげよう．それは射影幾何学における双対の原理である．それは射影幾何学の定理において1

つの2次曲線を固定して、極と極線との対応をつけることができる。そのとき定理のなかで点をその極線の直線で置き換え、直線をその極の点で置き換え、"交わる"を"結ぶ"で、"結ぶ"を"交わる"で置き換えても、定理はそのまま成立する、というのが双対の原理である。

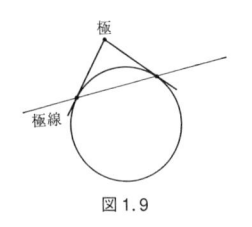

図 1.9

この双対の原理を念頭におくと、点、直線という用語は無定義語として、いかなるもので置き換えてもよいものと見なしておいたほうがよいわけである。

以上のように非ユークリッド幾何学と双対の原理は無定義語の思想を引き出すための重要なきっかけをつくったものとみられる。

もう1つの重要な足場をつくったと思われるのはいうまでもなくカントル（G. Cantor, 1845-1918）の集合論である。

§7. カントルの集合論

19世紀後半に登場したカントルの集合論はごうごうた

る賛否の渦をまき起こした．クロネッカー（L. Kronecker, 1823-91）のような全面的な否定論者もあり，またデデキント（R. Dedekind, 1831-1916）のような支持者もあった．そのなかでヒルベルトは集合論を高く評価していた．彼はつぎのようにいっている．

「カントルが我々のために創り出した楽園（集合論）から，何人も我々を追放することはできない．」

集合論はいろいろの特徴をもっているが，そのなかで数学的原子論ともいうべき，徹底した分析的傾向をあげることができる．それは研究すべき対象を最小の単位まで分解するのである．たとえば直線は原子としての点まで分解され，逆に直線は点の集合とみなされる．このような観点はカントルによってはじめて打ち出されたものである．カントルは3角級数の研究を通じて直線を点集合とみる観点に導かれたのであった．

カントルはこの数学的原子論を武器として数学全体の革命へと歩み出したのであった．彼はすべての図形を点にまで分解することによって，それまでの常識をつぎつぎに打ち破っていった．たとえば彼は平面上の点の集合とは直線上の点の集合と同じ濃度をもつことを証明したのであった．常識的には2次元の平面が1次元の直線よりはるかに多くの点を含むだろうと想像されるのであるが，それが同数であるということは意外な結論である．このことを証明したとき，当のカントル自身が驚いたほどであった．そして親友のデデキントに「我それを見れども，我信ぜず」

(Je le vois, mais je ne le crois pas.）と書き送った．

このことは1次元の直線をいちど原始的な点にまで分解し，それを適当に並べかえると2次元の平面となることを示している．すなわち，次元数は1対1対応によっていくらでも変わってしまうものであることを物語っている．だから，次元数を保存するためには1対1対応に連続性という条件を付加しなければならないことが明らかになった．このことは後でブローウェル（L. E. J. Brouwer, 1881-1966）によって証明されたが，これはトポロジーの重要な跳躍点となった．

このような数学的原子論ともいうべき集合論はすべての構造を解体するはたらきをもっていたが，そこから構造を回復するには相互関係を導入する公理系を必要としたのは当然である．そしてその課題がヒルベルトによって受けつがれたのである．

§8. 無限の論理

ここでカントルの集合論はいかなる思考法を包含しているだろうか．それをここで総括しておいてみよう．

まず第1にさきにのべたように数学的原子論ともよぶべき徹底した分析的方法である．このために無限集合の困難を新しくつくり出したのであった．

第2の特徴はすべてのものを空間化すること，もしくは外延化することである．

バートランド・ラッセル（B. A. Russell, 1872-1970）

は

「2匹のキジと2日とが同じ2であることに気づくまで長い年月が経った」

といった．この言葉は深い意味をもっている．

あるアメリカ・インディアンの部族では日数を数えるのに集合数が使われることはなく，もっぱら順序数が用いられ，第1日，第2日という表現しかもっていないという．たしかに時間的に継起する第1日と第2日とは同時には存在しない．したがってそれを1日，2日と集合数によって数えることはできない．つまり時間的継起は空間的併存とは異なっている．その意味ではその部族の考え方は厳密であるといえる．

しかし，時間的継起を強いて空間的併存として考えるところに人間の思考の進歩があった．集合論はこの傾向をさらに徹底したものといえよう．

このことは無限集合に対する特別な考え方となって鮮やかに表面化する．

たとえば自然数は

$$1, 2, 3, 4, \cdots$$

という数であるが，それを $1, 2, 3, 4, \cdots$ と数えていく操作の立場に立つとそれはあくまで時間のなかで継起し，いつまでたっても終らない行為である．それは限りなく未来に向かって開いている．無限をこのようなものとしてとらえることは，アリストテレス（Aristoteles, 384-322 B.C.）のいわゆる可能性の無限といわれるものであった．カント

ルが現われる以前の数学は無限をもっぱらこのような可能性の無限として理解してきた．それはいかなる限界を設定しても，それを超えることのできる可能性をもつ無限，いわば動的無限である．

しかし，直線を点の集合とみるとき，直線はそこに動かずに存在しているのだから，それを構成している個々の点は空間的に同時に存在しているものと考えるほかはない．言語学の術語をかりていえば，それは通時的ではなく共時的な存在なのである．

このようにして無限集合は各要素が数えるという操作から一応独立に空間的同時存在として考えられることになった．カントルはそれを実無限とよんだ．そして無限集合があたかも有限集合であるかのように取り扱うことができるようになった．

§9. 集合算

1つの集合 E については数の演算に似た種々の演算が定義される．E の部分集合 $A, B, C, \cdots$ がある．記号的には

$$A \subseteqq E,\ B \subseteqq E,\ C \subseteqq E,\ \cdots$$

と書けるが，この $\subseteqq$ という記号は数の大小を表わす $\leqq$ とよく似ている．たとえば

$$A \subseteqq B \text{ かつ } B \subseteqq C$$

ならば

$$A \subseteqq C$$

となる，という推移律が成り立つことも明らかである．

また A と B の共通部分を $A \cap B$ で表わすと，これは数と数の乗法によく似ているし，また合併集合を $A \cup B$ で表わすと，これは数と数の加法によく似ている．また集合 A の補集合 $\overline{A}$ は数 a の符号を変えた $-a$ によく似ている．

このように1つの集合 E の部分集合のあいだに数の演算とよく似た演算が定義されている．この集合算は広い意味の代数であるといってもいい．

$P(\ )$ がある述語で，x が $P(x)$ を真ならしめるとき，そのようなすべての x の集合を A とすると，このことを
$$A = \{x \mid P(x)\}$$
で表わす．このとき1つの述語 P が E の1つの部分集合 A と対応するわけである．ここで述語と E の部分集合とが対応する．述語は x に対する何らかの条件を表わすがそれは古い論理学では内包である．そして部分集合 A はその外延に当たる．つまりこれは内包と外延との対応を表わしている．

だから集合は論理と深いつながりをもっている．

以上は E という定まった集合の部分集合の代数学であるが，そればかりではなく新しい集合を創り出す操作もある．その1つとして直積がある．2つの集合 A, B があるとき，それぞれ A, B の任意の要素を a, b とするとき，(a, b) という組を要素とする集合を A, B の直積といい $A \times B$ で表わす．A, B から新しい集合 $A \times B$ が創り出されたことを意味する．これを図示するとつぎのようにな

る.

A \ B	b_1	b_2	b_3	$\cdots$	b_n
a_1	(a_1, b_1)	(a_1, b_2)	$\cdots$	$\cdots$	(a_1, b_n)
a_2	(a_2, b_1)	(a_2, b_2)			
$\vdots$	$\vdots$	$\vdots$			
a_m	(a_m, b_1)	(a_m, b_2)			(a_m, b_n)

$$A = \{a_1, a_2, a_3, \cdots, a_m\}$$
$$B = \{b_1, b_2, b_3, \cdots, b_n\}$$

として，たて，よこに A, B を並べたとき，$A \times B$ は行と列の四角の形に排列される．

行列はこのような図の一種である．

またデカルトの座標は実数の集合 R から $R \times R$ をつくって，それが平面の点の集合 P になることにもとづいている．

$$P = R \times R$$

だから P を $R \times R$ とみなすことは分析に当たるし，また R と R から $R \times R = P$ をつくることは総合に当たる．

$$P \xrightarrow[\text{総合}]{\text{分析}} \begin{cases} R \\ R \end{cases}$$

つぎに集合 A, B から B^A をつくる操作について考えてみよう．

集合 A, B がつぎのようであるとしよう．

$$A = \{a_1, a_2, a_3, \cdots, a_m\}$$
$$B = \{b_1, b_2, b_3, \cdots, b_n\}$$

そのとき，A の各要素を B の各要素に対応させる関数 f を考えよう．

$$f(a_i) = b_k \quad (i = 1, 2, \cdots, m)$$

このような f を思い浮べるにはグラフを用いるとよい．

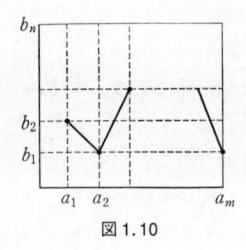

図 1.10

このような関数全体の集合を B^A で表わす．B^A の個数は n^m である．

第2章　数学的構造

§1. ブルバキの分類

　構造は数学という学問の枠を越えたより広汎な概念であろう．建築学には"構造力学"という分野があるし，社会科学には"上部構造""下部構造"という術語があるくらいである．

　構造をこのような一般的なものにとるなら，それは数学という学問ではとても手に負えないものになってしまう．

　そこで，数学という学問の現在の発展の程度やそのひろがりからみて，それほど無理でないと思われるように構造そのものに制限を加え，それからあまりにもかけ離れたものでないようにしなければならなかった．つまり構造一般を"数学的構造"たらしめるためにブルバキは構造をつぎの3種類に分類した．

(1)　位相的構造
(2)　順序の構造
(3)　代数的構造

　この分類は数学という学問の現状からみてほぼ妥当なものと思われるし，大多数の人々を納得させるだろうと思われる．

位相的構造　もっともわかりやすい例はわれわれの住んでいる空間である．空間が点からできる，つまり空間は点の集合であると考えることができるが，しかしそれだけでは空間とはいえないだろう．空間という以上，点と点とのあいだには遠い近いの区別がなくてはなるまい．

大まかにいって，ある集合の要素のあいだに遠い近いを判断する何らかの手がかりの与えられているとき，その集合は位相的構造である，ということにしよう．

たとえば2次元の平面は点の集合であるが，その上に，2点 a, b のあいだには距離 $d(a, b)$ が定義されている．$d(a, b)$ は $a \neq b$ のときはいつもプラスの数である．このような距離 $d(a, b)$ はつぎのような条件を満足している．

(1) $a = b$ のときは $d(a, b) = 0$,
    $a \neq b$ のときは $d(a, b) > 0$.
(2) $d(a, b) = d(b, a)$
(3) $d(a, c) \leq d(a, b) + d(b, c)$

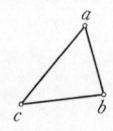

図 2.1

任意の2要素 a, b に対してこの3条件を満足する距離 $d(a, b)$ の定義されている集合を距離空間というが，この距離空間はわれわれの住んでいる空間に限らない．

たとえば日本中の都市の集合を E としよう．この E の 2 要素のあいだの直線距離を（両市の市役所のあいだの距離としてもよい）$d(a,b)$ とすれば，この $d(a,b)$ は明らかに上の 3 条件を満足する．したがってこの E はそのような $d(a,b)$ に対して距離空間をなす．

また，a,b のあいだのもっとも安上りの交通費を $d'(a,b)$ としてもやはり，距離空間になる．また，a,b のあいだの最短所要時間を $d''(a,b)$ としてもやはり距離空間となる．

このような"距離"の定義された集合は位相的構造としてとらえやすいが，しかし，それ以外にも位相的構造はあり得る．

順序の構造　ある一族の系図は先祖—子孫の関係を巧みに図示したものである．これを不等号 $<$ を用いて

　　　　　子孫 $<$ 先祖

という形で表わすと，ここに順序が規定される．たとえば

```
        リア王
    ┌─────┼─────┐
   コー    リー    ゴネ
   デリア   ガン    リル
```

　　　　　　　　　　　　　図 2.2

　　　　リーガン $<$ リア王

という形にかける．このような関係をもつ集合を順序の構造という．

2,3の例をあげよう．

集合 $\{1,2\}$ の部分集合は全部で，つぎの4個であるが，
$$\{\ \},\{1\},\{2\},\{1,2\}$$
"含む，含まれる"の関係を考えると，たとえば
$$\{1\} \subset \{1,2\}$$
$$\{\ \} \subset \{2\}$$
……

などとなり，全体を図示すると，つぎのようになる．

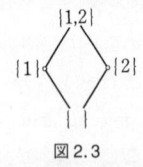

図2.3

線でつないで上下の位置にあるものは，上が下を含むという意味である．だからそれも1つの順序の構造である．

いうまでもなく順序のなかでもっともありふれたものは量の大小である．"大きい,小さい""長い,短い""重い,軽い""速い,遅い""熱い,冷たい"等の1組の形容詞はもろもろの量が順序の構造であることを物語っている．

このような量——とくに連続量——が順序の構造をなしていることをもっともよく表わしているのは数直線である

といえよう．

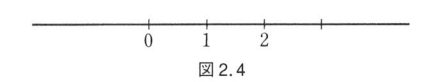

図 2.4

　たとえば集合の1つの要素を含む部分集合——近傍と名づける——を指定して，それによって遠近の関係を導入することもできる．

　このような位相的構造のうちとくに明確な定義をもつものに位相空間がある．そのさい，この"空間"という言葉に惑わされてはならない．それはわれわれの住んでいる物理的空間だけをさすのではなく，さらに広汎な，物理的な空間とは何のかかわりのないものも包含しているのである．

　たとえば人間の集団のなかに血縁関係の親疎を考えそれを何親等という数で表わすことにすると，それは1つの空間を形づくるが，それは物理的空間ではない．

代数的構造　集合 E があって，その2つの要素 a,b から，一定の方法で第3の要素 $c=\varphi(a,b)$ をつくり出す，$\varphi(a,b)$ という2変数の関数の定義されているとき，この E を代数的構造という．

　そのもっとも手近にある例は，いうまでもなく，自然数の集合

$$N = \{1, 2, 3, \cdots\}$$

に加法を加えた場合である．

それは N の任意の2要素 a,b から，N の要素 $a+b$ をつくり出す．つまり
$$\varphi(a,b) = a+b$$
とすれば，上の定義による代数的構造となる．

もっと具体的にいうと，
$$1+1 = 2$$
$$1+2 = 3$$
$$2+1 = 3$$
$$2+2 = 4$$
$$\cdots\cdots$$
というように無限に多くの式を含んである．

つまり N は + という結合をもつ代数的構造なのである．

さらに N には乗法 ab という別の結合も考えられている．そうすると N は $+, \times$ という2重の結合をもつ代数的構造である，といえよう．

もう1つの例をあげよう．

E として集合 $\{1, 2\}$ のすべての部分集合の集合
$$E = \{\ \{\ \},\{1\},\{2\},\{1,2\}\ \}$$
をとり，これらの要素のうち任意の2要素 a,b の共通部分 $a \cap b$ と合併集合 $a \cup b$ を考えると，E は $\cap, \cup$ という2重の結合をもつ代数的構造と考えてよい．

以上で位相的構造，順序の構造，代数的構造という3

種に分類したが，これらは決して排他的な概念ではない．

たとえば自然数の集合 N
$$N = \{1, 2, 3, \cdots\}$$
は2つの要素 a, b のあいだの距離 $|a-b|$ によって遠近が定義されていると考えると位相的構造であるし，また
$$1 < 2 < 3 < \cdots$$
という大小の順序を考えると順序の構造であるし，また
$$1+1 = 2$$
$$1+2 = 3$$
$$2+1 = 3$$
$$\cdots\cdots$$
という加法を考えると，代数的構造にもなっている．

つまり N は"3重構造"をなしているとも考えられる．

§2. 構造とアルゴリズム

構造は大まかにいって以上のような考えであって，現代数学の主導的な思想の1つである．しかし，これが唯一無二のものである，と断定するのは早計であろう．

ブルバキは構造を建物にたとえ，それを研究する数学を建築術にたとえた．それはまことに適切な比喩であったが，それはまた構造のもつ限界をも示している．建物はいうまでもなく空間的であり，時間的に変化したり，運動したりはしない．それがいかに建てられたかを無視しても，空間のある場所に存在している．そしてそれは1つの完結した姿でそこに立っている．それは生物のように生成や

死滅が予想されてはいない．

しかし，数学のなかから時間的なものをすべて放逐することは不可能であろう．無限について前にのべたように，一歩一歩真実に迫っていく，時間的な行為を人間から奪い去ることは不可能である．

このように数学における時間的なものの代表としてアルゴリズムをあげることができる．

アルゴリズム（Algorithm）という言葉は Algebra などと同じくアラビア産であり，数学者アル・クワリズミ（Al-kwarizmi, 780?-850?）に由来するが，それはごく大まかにいうと，一定の順序に連結された操作の連鎖であるといってよいだろう．

そのもっとも単純なものとして整数の除法がある．

```
       3 6 4
   7)2 5 4 9
     2 1
     ───
       4 4
       4 2
       ───
         2 9
         2 8
         ───
           1
```

これは"立てる""かける""ひく""おろす"の操作を繰り返すものであり，したがって，1つのアルゴリズムである．

もう少し複雑なものとして，ユークリッドの互除法をあげることができる．

2つの数，たとえば917と441の最大公約数を求める

には小さいほうで大きいほうを割り，その余りで小さいほうを割る，という操作を反復して，最後に割り切れたときの割る数が最大公約数となるのである．

917 と 441 では

$$
\begin{array}{r} 2 \\ 441 \overline{)917} \\ 882 \\ \hline 35 \end{array} \qquad
\begin{array}{r} 12 \\ 35 \overline{)441} \\ 35 \\ \hline 91 \\ 70 \\ \hline 21 \end{array}
$$

$$
\begin{array}{r} 1 \\ 21 \overline{)35} \\ 21 \\ \hline 14 \end{array} \qquad
\begin{array}{r} 1 \\ 14 \overline{)21} \\ 14 \\ \hline 7 \end{array} \qquad
\begin{array}{r} 2 \\ 7 \overline{)14} \\ 14 \\ \hline 0 \end{array}
$$

ここで終る．このときの 7 が最大公約数である．

これらはアルゴリズムのうちもっとも簡単でありふれたものであるが，その特徴はよく出ている．それはまず時間的な行為であり未来に向かって開いている点である．

これらの操作は第 1 回目，第 2 回目というように離散的（discrete）に配列されているが，もう少し拡大して考えると連続的（continuous）な操作の連鎖を考えることもできる．

その典型的なものとしては微分方程式をあげることができる．

$$\frac{dy}{dx} = F(x, y)$$

という微分方程式は一直線上に位置する x に対する y の

値を知って次の近接点 $x+dx$ に対する y の値
$$y+dy = y+F(x,y)dx$$
を求めるアルゴリズムであると解釈することができる．それはしたがって連続的アルゴリズムとでも名づけるべきものであろう．

第3章 群

§1. 操 作

　ここではまず，群の具体的内容について，くわしく述べる前に，群の一般的定義を与えよう．

　一言にしていうと群とは操作の集まりである．もともと，近代以前の数学は数，量，図形などを研究対象としてきた．それらはいずれも"もの"の概念であった．

　このようなとき，ライプニッツは関数を導入することによって"はたらき"もしくは操作そのものを数学の新しい研究対象として導入した．これは数学史における画期的な出来事であったといえよう．

$$y = f(x)$$

において x, y は"はたらき"を受ける"もの"であるが，$f(\ )$ はそれらとは異なる"はたらき"もしくは操作そのものであった．名詞的な"もの"に対して動詞的な"はたらき"なのである．

　このようにしてライプニッツは近代数学における解析学の主要な目標である関数を登場させることに成功したのである．

　日常的な例を2,3あげてみよう．たとえばつぎの3つ

の操作を考えてみよう.

a：“シャツを着る”
b：“上着を着る”
c：“オーバーを着る”

これは何らかの操作であることは誰でも了解できよう.

そこでこれらの操作を引きつづいて行なうことを考えてみよう.

たとえば，"シャツを着て，その後で上着を着る"は a のつぎに b を行なうことであるが，これを ab で表わすことにする．ab は数の場合は乗法であるが，操作のときは乗法ではなく，"連続施行"を意味する.

同様に bc は "上着を着て，オーバーを着る" であり，また ac は "シャツを着て，オーバーを着る" を意味する.

また，ba は "上着を着てから，シャツを着る" といういささか奇妙な操作を意味する.

数の乗法では ab と ba は等しいのであるが，操作の場合はどうであろうか．いうまでもなく，

ab：“シャツを着て，上着を着る”

の結果と

ba：“上着を着て，シャツを着る”

の結果とは異なる.

したがって数の乗法とは異なって操作の連結では一般的にいって

$$ab \neq ba$$

となる.

つまり操作を施すとき前後の順序を交換することは一般的に許されない.つまり可換ではない,つまり非可換なのである.

もちろん可換な場合もある.たとえば d は

　　d："帽子をかぶる"

という操作を意味するとすると,da は"帽子をかぶって,シャツを着る"であり,ad は"シャツを着てから,帽子をかぶる"であるから,この2つの a, d は可換である.

$$ad = da.$$

操作の連結は心理学における"まわり道"(détour)と関係がある.よくつぎのような実験が行なわれる.

図のような網の囲いをつくり,その外側にエサをおく.網のなかにいる動物ははじめはエサに向かって直進し,網につき当たって失敗を繰り返す.

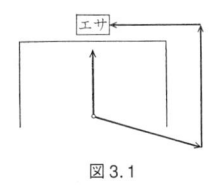

図3.1

しかし,この失敗のあいだにまわり道を発見して,網の外のエサに到達するが,知能の高い動物ほど早くまわり道に気づくという.

このまわり道は図でいうと，
"右進"
"前進"
"左進"
という3つの操作の連結によって目的を達することになったのである．

またチンパンジーのいる部屋の天井にバナナを下げておくと，はじめはチンパンジーは飛び上ってとろうとするが，とどかない．そこでおいてある踏み台にのってとろうとする．しかしそれでもとどかない．そこで，棒をとって，最後に目的を達する．

これはやはり
"踏台にのる"
"棒を使う"
という2つの操作の連結によって目的が達せられるのである．

また，a, b, c という3つの操作について，$(ab)c$ と $a(bc)$ とを比べてみよう．

$(ab)c$ は ab をいちどに施して，そのつぎに c を施すのである．つまり，"シャツを着て，上着を着る"のつぎに"オーバーを着る"となる．

これに対して
a："シャツを着る"
bc："上着を着て，オーバーを着る"
であるから $a(bc)$ は "シャツを着て，それから上着を着

て，オーバーを着る"だから，結果において前の $(ab)c$ と同じである．

すなわち，3つの操作 a, b, c に対しては，
$$(ab)c = a(bc)$$
が成り立つ．これを**結合法則**という．

つぎに操作の逆を考える．

　a : "シャツを着る"

の逆の操作といえば"シャツをぬぐ"である．このような a の逆の操作を a^{-1} で表わす．そうすると

　b : "上着を着る"

の逆の操作は，

　b^{-1} : "上着をぬぐ"

であり，

　c : "オーバーを着る"

の逆の操作は，

　c^{-1} : "オーバーをぬぐ"

である．

このとき，ab の逆の操作はどうであろうか．ab は"シャツを着て，上着を着る"であるから，その逆の操作は"上着をぬいで，シャツをぬぐ"であるから，これは
$$b^{-1}a^{-1}$$
である．つまり
$$(ab)^{-1} = b^{-1}a^{-1}$$
となる．

逆の操作は心理学的には"もどり道"(retour)に対応

する．1つの操作を逆にたどることができることを**可逆性**という．この可逆性が生まれるかどうかが，精神発達の1つの目安になるといわれる．

以上は操作についての一般論であるが，つぎに数学的な実例をあげてみよう．

操作の数学的な例をあげようと思えば，至るところにある．たとえば x を $2x+3$ に変える操作を a,

$$a : x \longrightarrow 2x+3$$

x を $3x+1$ に変える操作を b とする．

$$b : x \longrightarrow 3x+1$$

ここで ab をつくると，

$$2(3x+1)+3 = 6x+5$$

つまり，

$$ab : x \longrightarrow 6x+5$$

となる．

一方，ba をつくると，

$$3(2x+3)+1 = 6x+9+1 = 6x+10$$

であるから

$$ba : x \longrightarrow 6x+10$$

で ab と比べると明らかに異なっていることがわかる．

また逆の操作は

$$a^{-1} : 2x+3 \longrightarrow x$$

であるから

$$y = 2x+3$$

で x について解くと

$$x = \frac{y-3}{2} = \frac{y}{2} - \frac{3}{2}$$

つまり a^{-1} は

$$a^{-1} : x \longrightarrow \frac{x}{2} - \frac{3}{2}.$$

同じく b^{-1} は $y = 3x+1$ を x について解くと,

$$x = \frac{y-1}{3} = \frac{y}{3} - \frac{1}{3}$$

したがって

$$b^{-1} : x \longrightarrow \frac{x}{3} - \frac{1}{3}.$$

例1 $a : x \longrightarrow \dfrac{2x+3}{x+2}, \quad b : x \longrightarrow \dfrac{3x-1}{-2x+1}$

のとき, ab, ba, a^{-1}, b^{-1} を求めよ.

解 ab を求めてみよう. まず b を

$$y = \frac{3x-1}{-2x+1}$$

とおき, これを a に代入するのだが

$$z = \frac{2y+3}{y+2}$$

として y を代入すると

$$z = \frac{2 \cdot \dfrac{3x-1}{-2x+1} + 3}{\dfrac{3x-1}{-2x+1} + 2} = \frac{2(3x-1) + 3(-2x+1)}{(3x-1) + 2(-2x+1)} = \frac{1}{-x+1}$$

したがって

$$ab : x \longrightarrow \frac{1}{-x+1}$$

ba は

$$z = \frac{3 \cdot \dfrac{2x+3}{x+2} - 1}{-2 \cdot \dfrac{2x+3}{x+2} + 1} = \frac{\dfrac{3(2x+3)-(x+2)}{x+2}}{\dfrac{-2(2x+3)+x+2}{x+2}} = \frac{5x+7}{-3x-4}$$

a^{-1} は $y = \dfrac{2x+3}{x+2}$ を x について解くと,

$$x = \frac{2y-3}{-y+2}$$

だから

$$a^{-1} : x \longrightarrow \frac{2x-3}{-x+2}$$

また b^{-1} は $y = \dfrac{3x-1}{-2x+1}$ を x について解くと,

$$x = \frac{y+1}{2y+3}.$$

だから

$$b^{-1} : x \longrightarrow \frac{x+1}{2x+3}.$$

問 1 $a : x \longrightarrow \dfrac{4x-3}{-x+1},\ b : x \longrightarrow \dfrac{3x-4}{-2x+3}$ のとき, ab, ba, a^{-1}, b^{-1} を求めよ.

問 2 $a : x \longrightarrow \dfrac{2x}{3x+1},\ b : x \longrightarrow \dfrac{x}{2x-3}$ のとき, ab, ba, a^{-1}, b^{-1} を求めよ.

§2. 群の定義

以上の準備をした上で群の厳密な定義を述べておこう．

(1) 集合 $G=\{a_1, a_2, \cdots, a_n, \cdots\}$ は有限もしくは無限の集合でその上に2変数の関数 $\varphi(a,b)=c$ が定義され，その値は常に G に属する．この $\varphi(a,b)=c$ を $ab=c$ で表わす．

(2) 任意の3要素 a,b,c に対して結合法則が成立する．

$$(ab)c = a(bc)$$

(3) G は $ae=ea=a$ なる要素 e を含む．このような e を単位元という．

(4) G の任意の要素 a に対して，$aa^{-1}=e$ なるような a^{-1} が G に含まれる．a^{-1} を a の逆元という．

以上4つの条件を満たす集合 G を群という．

これから単位元は唯1つあることもわかる．他に $ae'=e'a=a$ なる e' があったとすると，$ee'=e'$，$ee'=e$，したがって $e'=e$．

この定義は抽象的であり，また一般的であって，$a,b,c,\cdots$ という G の要素は別に具体的に操作という意味をもっているとは限らない．しかし，これが具体的な問題に適用されるときは $a,b,c,\cdots$ は操作という意味をもち，また ab は操作の連結という意味をもつことが多い．

例2 $\omega = \dfrac{-1+\sqrt{3}\,i}{2}$ とするとき，$(1, \omega, \omega^2)$ は複素数の乗法に対して群をなすことを示せ．

解

$$\omega^2 = \left(\frac{-1+\sqrt{3}\,i}{2}\right)^2 = \frac{1-2\sqrt{3}\,i+3i^2}{4}$$

$$= \frac{1-2\sqrt{3}\,i-3}{4} = \frac{-2-2\sqrt{3}\,i}{4} = \frac{-1-\sqrt{3}\,i}{2}$$

$$\omega^3 = \omega \cdot \omega^2 = \frac{-1+\sqrt{3}\,i}{2} \cdot \frac{-1-\sqrt{3}\,i}{2}$$

$$= \frac{(-1)^2-(\sqrt{3}\,i)^2}{4} = \frac{1-(-3)}{4} = \frac{4}{4} = 1$$

$$\omega^2 \cdot \omega^2 = \omega^4 = \omega^3 \cdot \omega = 1 \cdot \omega = \omega$$

$$1^2 = 1.$$

$$1 \cdot \omega = \omega \cdot 1 = \omega$$

$$1 \cdot \omega^2 = \omega^2.$$

これで(1)の条件が満たされていることがわかる.

(2) 複素数の乗法であるから結合法則を自動的に満足する.

(3) $1\cdot 1=1$, $1\cdot\omega=\omega\cdot 1=\omega$, $1\cdot\omega^2=\omega^2\cdot 1=\omega^2$ であるから 1 が単位元である.

(4) $1^{-1}=1$, $\omega^{-1}=\omega^2$, $(\omega^2)^{-1}=\omega$ となるからすべての逆元が G に含まれる.

例3 正3角形をそれ自身の上に重ね合わせる操作の全体は群をつくることを証明せよ.

解 正3角形の3頂点を $1, 2, 3$ という数字で表わしてみよう.

図3.2

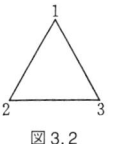

この正3角形を動かして，もとの位置に重ね合わせると，頂点の位置が入れかわる．それをたとえば

$$\begin{pmatrix} 1 & 2 & 3 \\ 2 & 3 & 1 \end{pmatrix}$$

という記号で表わすことにしよう．これは上の数字を下の数字で置き換えることを意味するものとする．

これは$1, 2, 3$という3つの数字を入れかえることになるから，全部で$3! = 6$種類あることになる．

それらをすべて列挙するとつぎのようになる．

$$a_1 = \begin{pmatrix} 1 & 2 & 3 \\ 1 & 2 & 3 \end{pmatrix}, \ a_2 = \begin{pmatrix} 1 & 2 & 3 \\ 2 & 3 & 1 \end{pmatrix}, \ a_3 = \begin{pmatrix} 1 & 2 & 3 \\ 3 & 1 & 2 \end{pmatrix}$$

$$a_4 = \begin{pmatrix} 1 & 2 & 3 \\ 1 & 3 & 2 \end{pmatrix}, \ a_5 = \begin{pmatrix} 1 & 2 & 3 \\ 3 & 2 & 1 \end{pmatrix}, \ a_6 = \begin{pmatrix} 1 & 2 & 3 \\ 2 & 1 & 3 \end{pmatrix}$$

ここで2つの操作を連結しても正3角形を自分自身の上に重ね合わせることになるから，その結果は以上6個の操作のどれかになる．

たとえばa_2, a_4を連結すると，

$$a_2 a_4 = \begin{pmatrix} 1 & 2 & 3 \\ 2 & 3 & 1 \end{pmatrix} \begin{pmatrix} 1 & 2 & 3 \\ 1 & 3 & 2 \end{pmatrix}$$

では,

$$
\begin{array}{ccc}
 & 1 & 2 & 3 \\
a_2 & \downarrow & \downarrow & \downarrow \\
 & 2 & 3 & 1 \\
a_4 & \downarrow & \downarrow & \downarrow \\
 & 3 & 2 & 1
\end{array}
$$

$$a_2 a_4 = \begin{pmatrix} 1 & 2 & 3 \\ 3 & 2 & 1 \end{pmatrix} = a_5$$

このような乗法をすべて行なって結果をみると,つぎのような表ができる.

	a_1	a_2	a_3	a_4	a_5	a_6
a_1	a_1	a_2	a_3	a_4	a_5	a_6
a_2	a_2	a_3	a_1	a_5	a_6	a_4
a_3	a_3	a_1	a_2	a_6	a_4	a_5
a_4	a_4	a_6	a_5	a_1	a_3	a_2
a_5	a_5	a_4	a_6	a_2	a_1	a_3
a_6	a_6	a_5	a_4	a_3	a_2	a_1

この表によって乗法の結果がすべてわかる.ここで
$$G = \{a_1, a_2, a_3, a_4, a_5, a_6\}$$
として,操作の連結を乗法とすると,G は群をなす.

(1) G の任意の2要素の積は G に属することがわかる.

(2) G の要素は操作だから,結合法則を満足する.

(3) a_1 は単位元であることは明らかである.

(4) $a_1^{-1} = a_1$, $a_2^{-1} = a_3$, $a_3^{-1} = a_2$, $a_4^{-1} = a_4$, $a_5^{-1} = a_5$, $a_6^{-1} = a_6$

であるから,すべての要素の逆元が G に含まれる.

したがって G は群をなしている.

この群 G は 6 個の要素から成り立っている.このように要素の数が有限であるとき,その群を**有限群**という.このとき G の**位数**は 6 であるという.

この群では,たとえば a_2 と a_4 は順序交換はできない.

$$a_4 a_2 = \begin{pmatrix} 1 & 2 & 3 \\ 1 & 3 & 2 \end{pmatrix} \begin{pmatrix} 1 & 2 & 3 \\ 2 & 3 & 1 \end{pmatrix} = \begin{pmatrix} 1 & 2 & 3 \\ 2 & 1 & 3 \end{pmatrix} = a_6$$

だから $a_4 a_2 \neq a_2 a_4$.

§3. 部分群

G のなかで部分集合 $g_i = \{a_1, a_2, a_3\}$ をとると,表をみてこの部分集合がそれ自身として小さな群をなしていることがわかる.これを**部分群**という.その乗法の表は

	a_1	a_2	a_3
a_1	a_1	a_2	a_3
a_2	a_2	a_3	a_1
a_3	a_3	a_1	a_2

同じく,$g_2 = \{a_1, a_4\}$,$g_3 = \{a_1, a_5\}$,$g_4 = \{a_1, a_6\}$ も

やはり部分群である．その乗法の表はつぎのようになる．

	a_1	a_4
a_1	a_1	a_4
a_4	a_4	a_1

g_2

	a_1	a_5
a_1	a_1	a_5
a_5	a_5	a_1

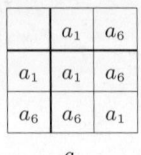

g_3

	a_1	a_6
a_1	a_1	a_6
a_6	a_6	a_1

g_4

　以上のようにある群の部分群はその群の部分集合であるが，すべての部分集合は部分群とはならない．たとえば $S=\{a_2, a_4\}$ は，その積 $a_2 a_4 = a_5$ となって結果が S の外に出るからである．

　もちろん単位元だけからできている部分集合 $\{a_1\}$ もやはり部分群である．

　G のすべての部分集合は $2^6 = 64$ だけあるが，部分群はつぎの 5 個しかない．

　　$\{a_1\}, \{a_1, a_4\}, \{a_1, a_5\}, \{a_1, a_6\}, \{a_1, a_2, a_3\}$

　G それ自身も G の部分群に数えることにすると，その位数は 6 である．これらの位数をみると

$$1, 2, 2, 2, 3, 6$$

となっている．これはすべて 6 の約数である．

　そこでつぎのような予想ができそうである．

　"有限群の部分群の位数はその位数の約数ではあるまいか？"

　この予想は正しい．それを証明しよう．

　ある有限群 G（位数 n）が部分群 g を含んでいるとし

よう．
$$g \subseteq G, \quad g = \{a_1, a_2, \cdots, a_m\}$$
とする．

ここでつぎのような記号を導入する．
$$bg = \{ba_1, ba_2, \cdots, ba_m\}$$
つまり b と g の要素のすべてをかけて得られる要素の集合である．G のなかでこのような bg をつくっていくのである．ここで 2 つの bg と cg が共通部分をもつとすると，bg と cg の双方に属する x が存在する．
$$x \in bg, \quad x \in cg$$

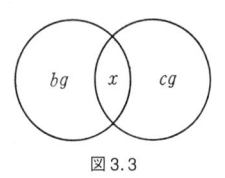

図 3.3

つまり，$x = ba_i$, $x = ca_k$．したがって
$$ba_i = ca_k, \quad b = (ca_k)a_i^{-1} = c(a_k a_i^{-1})$$
ここで bg の任意の要素を ba_l とすると，
$$ba_l = c(a_k a_i^{-1})a_l = c(a_k a_i^{-1} a_l)$$
つまりこれは cg の要素で，結局
$$bg \subseteq cg$$
逆に
$$cg \subseteq bg$$

も同様に証明できるから,
$$bg = cg$$
つまり, 2つの bg, cg は共通部分をもてば完全に同じ集合になることがわかる.

G のなかに $bg, cg, \cdots$ を重ならないようにつくっていくと, G の全部を $bg, cg, \cdots$ で尽してしまうことができる. そして G はつぎのように類に分かれる.

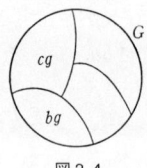

図3.4

ここでまた2つの類の個数は等しい. なぜなら, bg の要素にすべて左から cb^{-1} をかけると, cg の要素になるし, 同じく cg の要素に左から bc^{-1} をかけると bg の要素になる.

だから類の数を l とすると,
$$n = lm$$
が得られる. つまり
$$n \div m = l$$
となる. したがってつぎの定理が得られる.

定理1 ある群 G の部分群の位数はその群 G の位数の約数である.

だから位数6の群はたとえば位数4の部分群を有しないわけである.

G のなかで部分群 g によって類別したとき,その各々の類を**右剰余類**と名づける.またかつては G における g の**副群**と名づけたこともある.

左右を入れかえて,$gb, gc, \cdots$ という類をつくっても同様である.$gb, gc, \cdots$ を**左剰余類**という.

例4 上の群において,部分群 $\{a_1, a_2, a_3\}$, $\{a_1, a_4\}$ で右剰余類をつくれ.

解 $g = \{a_1, a_2, a_3\}$ から,たとえば $a_4 a_1, a_4 a_2, a_4 a_3$ をつくると,表によって,$\{a_4, a_5, a_6\}$ となる.

したがって,
$$G = \{a_1, a_2, a_3\} \cup \{a_4, a_5, a_6\}.$$
$g = \{a_1, a_4\}$ によって右剰余類をつくると,
$$a_2 g = \{a_2 a_1, a_2 a_4\} = \{a_2, a_5\}$$
$$a_3 g = \{a_3 a_1, a_3 a_4\} = \{a_3, a_6\}$$
$$G = \{a_1, a_4\} \cup \{a_2, a_5\} \cup \{a_3, a_6\}.$$

例5 G のなかで $\{a_1, a_4\}$ の左剰余類をつくれ.

解 $\{a_1, a_4\} = g$ として
$$g a_2 = \{a_1 a_2, a_4 a_2\} = \{a_2, a_6\},$$
$$g a_3 = \{a_1 a_3, a_4 a_3\} = \{a_3, a_5\}$$
$$G = \{a_1, a_4\} \cup \{a_2, a_6\} \cup \{a_3, a_5\}$$

これを右剰余類への分割と比べると,明らかに異なっていることがわかる.

§4. 要素の位数

群 G の要素 a からその累乗をつくったとき,
$$e, a, a^2, \cdots, a^m, \cdots$$
それはすべて異なった要素ではあり得ない。すべて異なっていたら有限群 G が無限個の要素をもつことになってしまうからである。

したがって、そのなかには等しいものがあるはずである。その2つを a^r, a^s とする $(r > s)$.
$$a^r = a^s$$
ここで右から $(a^{-1})^s = a^{-s}$ を掛けると,
$$a^r(a^{-1})^s = a^r a^{-s} = a^{r-s} = e$$
$$a^{r-s} = e$$
つまり a は $r-s > 0$ だけかけ合わせると単位元に等しくなるはずである。このような $r-s$ のうち最小の数を要素 a の**位数**と名づける。

定理2 G の要素 a の位数を m とすると,
$$g = \{e, a, a^2, \cdots, a^{m-1}\}$$
は G の部分群であり、その位数は m である。

証明 $a^r a^s = a^{r+s}$ で, $r+s$ を m で割った余りを t とすると, $t < m$ だから $= a^t$ となり、これは g に含まれる。

また a^r の逆元は, $a^r \cdot a^{m-r} = a^m = e$ だから a^{m-r} である。単位元 e は明らかに含まれているから, g は群である。

また, $a^r = a^s$ $(0 \leq r < s < m)$ とすると, $e = a^{s-r}$, $s-r < m$ であるから, m が最小であるという仮定に反す

る. だから, $e, a, a^2, \cdots, a^{m-1}$ はみな異なる要素である. したがって g の位数は m である.

ここで定理2を用いると, つぎの定理が得られる.

定理3 群 G の要素の位数は G の位数の約数である.

定理4 G の部分群を $g = \{a_1, a_2, \cdots, a_r\}$ とし, G を g によって左剰余類に分けたとき, それを,

$$gb_1, gb_2, \cdots, gb_s$$

とする.

このとき, G の任意の要素は

$$a_i b_k \quad (i = 1, 2, \cdots, r \quad k = 1, 2, \cdots, s)$$

という形にただ一通りに書ける.

証明 G は $gb_1, gb_2, \cdots, gb_s$ の和となるから, その要素はすべて $a_i b_k$ の形に書ける.

つぎにこの表わし方がただ一通りであることを示そう. つぎのように2つの要素が等しいとしよう.

$$a_i b_k = a_j b_l$$
$$b_k = a_i^{-1}(a_j b_l) = (a_i^{-1} a_j) b_l$$

$a_i^{-1} a_j$ は g に属するから, b_k は gb_l の類に属する. したがって,

$$b_k = b_l$$
$$k = l$$

したがって

$$a_i = a_j (b_l b_k^{-1}) = a_j$$

したがって

$$i = j.$$

つまり $i=j$, $k=l$ が得られる.

このことを言いかえると, G は $g=\{a_1, a_2, \cdots, a_r\}$ と $B=\{b_1, b_2, \cdots, b_s\}$ の直積の形に書ける.
$$G = g \times B.$$

例6 前の位数6の群で各要素の位数をもとめよ.

解 $a_1{}^1 = a_1$, $a_2{}^3 = a_1$, $a_3{}^3 = a_1$, $a_4{}^2 = a_1$, $a_5{}^2 = a_1$, $a_6{}^2 = a_1$ でその位数は $1, 3, 3, 2, 2, 2$ であることがわかる. これらはたしかに6の約数である.

例7 正方形を自分自身の上に重ね合わせる操作全体のつくる群はいかなるものか.

解 正方形の4頂点を $1, 2, 3, 4$ で表わす.

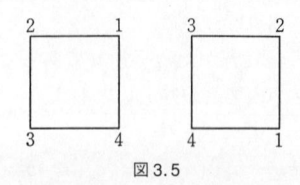

図3.5

これを重ね合わせると $1, 2, 3, 4$ のあいだに1つの置換が起こる. これを正3角形の場合と同じ記号で表わす.
$$\begin{pmatrix} 1 & 2 & 3 & 4 \\ 2 & 3 & 4 & 1 \end{pmatrix}$$
は上の数字を下の数字で置き換える, という意味である.

このような操作がいくつあるかをあげてみると, つぎの8個である.

$$a_1 = \begin{pmatrix} 1 & 2 & 3 & 4 \\ 1 & 2 & 3 & 4 \end{pmatrix}, \quad a_2 = \begin{pmatrix} 1 & 2 & 3 & 4 \\ 2 & 3 & 4 & 1 \end{pmatrix},$$

$$a_3 = \begin{pmatrix} 1 & 2 & 3 & 4 \\ 3 & 4 & 1 & 2 \end{pmatrix}, \quad a_4 = \begin{pmatrix} 1 & 2 & 3 & 4 \\ 4 & 1 & 2 & 3 \end{pmatrix},$$

$$a_5 = \begin{pmatrix} 1 & 2 & 3 & 4 \\ 2 & 1 & 4 & 3 \end{pmatrix}, \quad a_6 = \begin{pmatrix} 1 & 2 & 3 & 4 \\ 1 & 4 & 3 & 2 \end{pmatrix},$$

$$a_7 = \begin{pmatrix} 1 & 2 & 3 & 4 \\ 4 & 3 & 2 & 1 \end{pmatrix}, \quad a_8 = \begin{pmatrix} 1 & 2 & 3 & 4 \\ 3 & 2 & 1 & 4 \end{pmatrix}$$

これら8個の操作の乗法はつぎの表で表わされる.

この群を D_4 で表わす.それは正方形（正4辺形）をその上に重ねる操作（裏返しを含む）という意味である.

	a_1	a_2	a_3	a_4	a_5	a_6	a_7	a_8
a_1	a_1	a_2	a_3	a_4	a_5	a_6	a_7	a_8
a_2	a_2	a_3	a_4	a_1	a_6	a_7	a_8	a_5
a_3	a_3	a_4	a_1	a_2	a_7	a_8	a_5	a_6
a_4	a_4	a_1	a_2	a_3	a_8	a_5	a_6	a_7
a_5	a_5	a_8	a_7	a_6	a_1	a_4	a_3	a_2
a_6	a_6	a_5	a_8	a_7	a_2	a_1	a_4	a_3
a_7	a_7	a_6	a_5	a_8	a_3	a_2	a_1	a_4
a_8	a_8	a_7	a_6	a_5	a_4	a_3	a_2	a_1

この群 D_4 はつぎのように考えることもできる.まず

$a_2 = \begin{pmatrix} 1 & 2 & 3 & 4 \\ 2 & 3 & 4 & 1 \end{pmatrix} = a$ をとると，a_3, a_4 はその繰り返しで表わされる．

$$a_3 = \begin{pmatrix} 1 & 2 & 3 & 4 \\ 3 & 4 & 1 & 2 \end{pmatrix} = a^2,$$

$$a_4 = \begin{pmatrix} 1 & 2 & 3 & 4 \\ 4 & 1 & 2 & 3 \end{pmatrix} = a^3$$

また $a_5 = \begin{pmatrix} 1 & 2 & 3 & 4 \\ 2 & 1 & 4 & 3 \end{pmatrix} = b$ とおくと

$$ab = \begin{pmatrix} 1 & 2 & 3 & 4 \\ 1 & 4 & 3 & 2 \end{pmatrix} = a_6,$$

$$a^2 b = \begin{pmatrix} 1 & 2 & 3 & 4 \\ 4 & 3 & 2 & 1 \end{pmatrix} = a_7,$$

$$a^3 b = \begin{pmatrix} 1 & 2 & 3 & 4 \\ 3 & 2 & 1 & 4 \end{pmatrix} = a_8$$

そして a と b は順序を変えると，

$$ba = \begin{pmatrix} 1 & 2 & 3 & 4 \\ 3 & 2 & 1 & 4 \end{pmatrix} = a_8 = a^3 b$$

$a^4 = a_1 = e$ であるから

$$bab^{-1} = a^3 = a^{-1}$$

つまり

$$bab^{-1} = a^{-1}$$

だから

$$a^4 = e, \ b^2 = e, \ bab^{-1} = a^{-1}$$

という条件を与えておくと，この群の乗法の表がつくられ

る.

ここで 4 を一般的にして n としよう. つまり, 正 n 角形をそれ自身の上に重ねる操作の全体を D_n とすると, D_n は群をつくる.

このなかでまず折返しを含まないものを
$$a = \begin{pmatrix} 1 & 2 & 3 & \cdots & n \\ 2 & 3 & 4 & \cdots & 1 \end{pmatrix}$$
とおくと, $a^n = e$ で
$$e, a, a^2, \cdots, a^{n-1}$$
となる.

これに対して次の折返しを b とする.

$$b = \begin{pmatrix} 1 & 2 & 3 & \cdots & n \\ n & n-1 & \cdots & \cdots & 1 \end{pmatrix}$$
$$bab^{-1} = \begin{pmatrix} 1 & 2 & \cdots & n \\ n & n-1 & \cdots & 1 \end{pmatrix} \begin{pmatrix} 1 & 2 & \cdots & n \\ 2 & 3 & \cdots & 1 \end{pmatrix}$$
$$\begin{pmatrix} 1 & 2 & \cdots & n \\ n & n-1 & \cdots & 1 \end{pmatrix}$$
$$= \begin{pmatrix} 1 & 2 & \cdots & n \\ n & 1 & \cdots & n-1 \end{pmatrix} = a^{-1}$$

つまり
$$bab^{-1} = a^{-1}$$
両辺を m 乗すると,
$$(bab^{-1})(bab^{-1})\cdots(bab^{-1}) = (a^{-1})^m = a^{-m}$$
$$ba^m b^{-1} = a^{-m}$$

ここで D_n は,
$$D_n = \{e, a, a^2, \cdots, a^{n-1}, b, ab, a^2b, \cdots, a^{n-1}b\}$$
となる.この D_n の位数は $2n$ である.

D_n のなかには
$$C_n = \{e, a, a^2, \cdots, a^{n-1}\}$$
という部分群が含まれている.

この C_n のように1つの要素の累乗を要素とする有限群を巡回群という.

日本の紋章は数多くの種類があるが,その対称,すなわち自己同型の群は,D_n, C_n のいずれかになるものが多い.

つぎに例をあげておこう.

たとえばつぎのような紋章は自己同型としては単位元しかもっていない.

つまり,その対称もしくは自己同型の群 C_1 である.

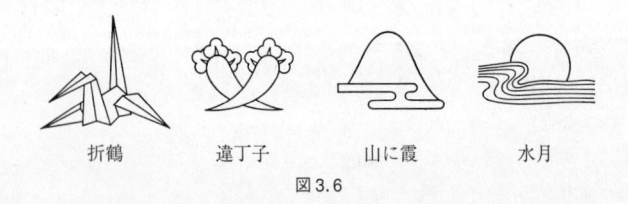

| 折鶴 | 違丁子 | 山に霞 | 水月 |

図3.6

つぎに

§4. 要素の位数

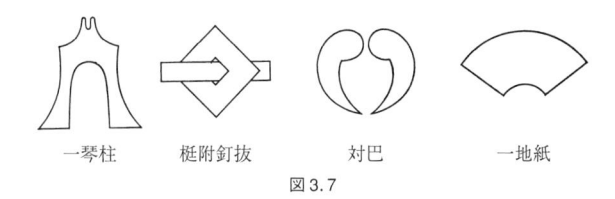

一琴柱　　　　梃附釘抜　　　　対巴　　　　　一地紙

図 3.7

となると，その**対称**の群は折返しが可能であるから D_1 である．

あるいは

図 3.8　違井桁

となると，これは $180°$ 回転を許すから C_2 である．しかし折返しは許さない．

つぎのものは $120°$ 回転を許すが，折返しは許さない．

図 3.9　五徳

したがってこれは対称の群 C_3 である．
　またつぎのものはさらに折返しを許すから，

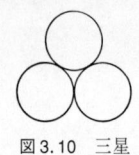

図3.10　三星

この対称の群は D_3 である．
　つぎに

図3.11　左万字

は 90° 回転を許すが，折返しを許さぬから，対称の群は C_4 である．しかし，つぎのものになると，さらに折返しを許す．

図3.12　くつわ

だからその群は D_4 である.

このようにして紋章の対称性は群 C_n, D_n によって支配されていることが理解できよう.

問 つぎの紋章の対称の群を定めよ.

| 割菱 | 三寄分銅 | 子持巴 | 蔦花 |

| 重角 | 万字鎌 | 太極図 | 大太輪 |

図 3.13

§5. 4辺形の分類

4辺形はその対称性によって分類されることが多い. したがってそれは群によって説明することができる.

4辺形のうちもっとも対称性を多くもっているのはいうまでもなく正方形である. その対称性の群は D_4 である.

他の4辺形の対称の群は D_4 の部分群となるであろう. p.83 における D_4 は

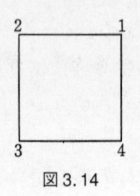

に対して，まずつぎの部分群をもつ．

$$\{e, b\}, \qquad b = \begin{pmatrix} 1 & 2 & 3 & 4 \\ 2 & 1 & 4 & 3 \end{pmatrix}$$

これに対する4辺形はつぎのような等脚台形である．

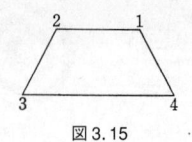

図 3.15

頂点の番号のつけ方をかえると，

$$\begin{pmatrix} 1 & 2 & 3 & 4 \\ 4 & 3 & 2 & 1 \end{pmatrix} = a_7 = a^2 b$$

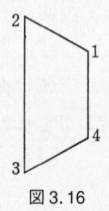

図 3.16

としてもよい．だから部分群としては
$$\{e, a^2 b\}$$
と考えてもよい．

つぎに $\{e, ab\}$ がある（図3.17）．これは
$$ab = \begin{pmatrix} 1 & 2 & 3 & 4 \\ 1 & 4 & 3 & 2 \end{pmatrix}$$
であり，いわゆる"凧形"である．これも番号のつけ方をかえると $\{e, a^3 b\}$ としてもよい（図3.18）．これは
$$a^3 b = \begin{pmatrix} 1 & 2 & 3 & 4 \\ 3 & 2 & 1 & 4 \end{pmatrix}$$
である．

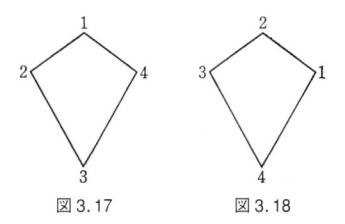

図3.17   図3.18

また
$$\{e, a^2\}, \quad a^2 = \begin{pmatrix} 1 & 2 & 3 & 4 \\ 3 & 4 & 1 & 2 \end{pmatrix}$$
という部分群もある．これは180°回転を許す．つまり点対称であり，これに当たるのは平行4辺形である．

図 3.19

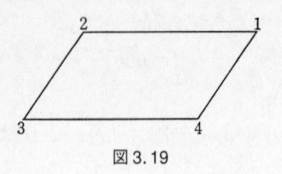

つぎに

$$\{e, a^2, b, a^2b\}$$

という部分群がある. これは

$$e = \begin{pmatrix} 1 & 2 & 3 & 4 \\ 1 & 2 & 3 & 4 \end{pmatrix},$$

$$a^2 = \begin{pmatrix} 1 & 2 & 3 & 4 \\ 3 & 4 & 1 & 2 \end{pmatrix},$$

$$b = \begin{pmatrix} 1 & 2 & 3 & 4 \\ 2 & 1 & 4 & 3 \end{pmatrix},$$

$$a^2b = \begin{pmatrix} 1 & 2 & 3 & 4 \\ 4 & 3 & 2 & 1 \end{pmatrix}$$

を許すから, 長方形である.

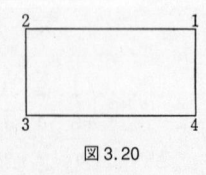

図 3.20

また

$$\{e, ab, a^2, a^3b\}$$

がある．これは

$$e = \begin{pmatrix} 1 & 2 & 3 & 4 \\ 1 & 2 & 3 & 4 \end{pmatrix},$$
$$ab = \begin{pmatrix} 1 & 2 & 3 & 4 \\ 1 & 4 & 3 & 2 \end{pmatrix},$$
$$a^2 = \begin{pmatrix} 1 & 2 & 3 & 4 \\ 3 & 4 & 1 & 2 \end{pmatrix},$$
$$a^3b = \begin{pmatrix} 1 & 2 & 3 & 4 \\ 3 & 2 & 1 & 4 \end{pmatrix}$$

であるから，それを許すのはひし形である．

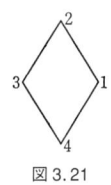

図 3.21

これらを図示すると，図 3.22 のようになる．

この図をみると図形のほうは上にあるものほど一般的であり，したがって集合としては要素の数が多いのであるが，それが許す対称の群のほうは上にあるものほど要素の数が少なくなっている．つまり図形の集合と，その対称，つまり自己同型の群とは"含む，含まれる"の関係が逆となっている．いわばシーソーのように一方が上がれば他方は下がるという関係にある．

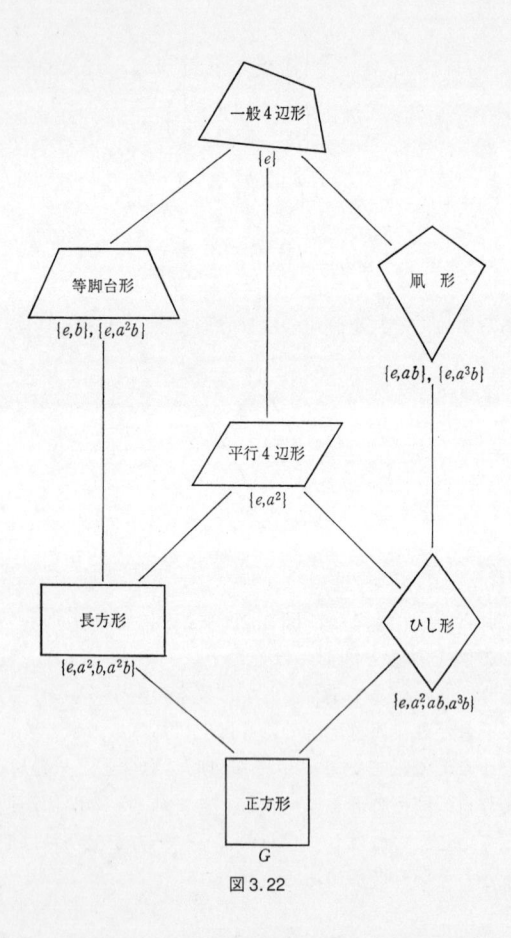

```
                    ┌─────────────┐
                    │  一般4辺形   │
                    │    {e}      │
                    └─────────────┘
                   /               \
         ┌─────────────┐      ┌─────────┐
         │  等脚台形    │      │  凧 形  │
         │{e,b}, {e,a²b}│     │{e,ab}, {e,a³b}│
         └─────────────┘      └─────────┘
                │
                     ┌─────────────┐
                     │  平行4辺形   │
                     │   {e,a²}    │
                     └─────────────┘
                    /              \
            ┌─────────────┐    ┌─────────┐
            │   長方形     │    │  ひし形  │
            │{e,a²,b,a²b} │    │{e,a²,ab,a³b}│
            └─────────────┘    └─────────┘
                    \              /
                     ┌─────────┐
                     │  正方形 │
                     │    G    │
                     └─────────┘
```

図 3.22

§6. 抽象的な群

群が現実の世界に登場するのは多くの場合，何らかの構造 S の自己同型群 $G(S)$ としてである．しかしここではその S から一応切りはなして，G そのものを論ずることにしよう．この G はまた群の乗法という結合をもつ，ひとつの代数的構造であった．

もともと構造という考えは，異なったもののあいだに同じパターンの構造関係が成立するとき，それらに共通の型をぬき出して得られたものである．

たとえばつぎに5冊の本の集合がおかれていて，それらは下の図のように積み重ねられている．またそれと並んでそれらの本の紙箱も積み重ねられている．

本のほうの積み重なりの型つまり一種の構造 S と箱の積み重なりの型，つまり構造 S' とは同型であるといってよい．そのことを確かめるには

(1) S の要素と S' の要素とのあいだの1対1対応をつける．

(2) その対応によって上下の関係がそのまま持ち越されるかどうかを確かめる．

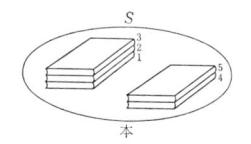

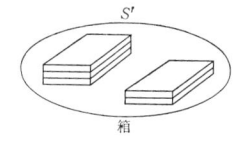

図 3.23

つまり構造 S, S' の要素のあいだに相互関係の型を変えないような1対1対応をつけることができたとき，S, S' は同型であるという．

記号的には
$$S \cong S'$$
で表わす．

群という構造についても同様である．

正の整数で，10と互いに素な数の集合を考えよう．それは10進法で表わしたとき第1位の数字は $1, 3, 7, 9$ となる数である．ここで $\{1, 3, 7, 9\}$ なる数を考えて，その乗法を考える．つまり ③×⑦＝2① となるから $3 \cdot 7 = 1$ と考える．

	1	3	7	9
1	1	3	7	9
3	3	9	1	7
7	7	1	9	3
9	9	7	3	1

$$G = \{1, 3, 7, 9\}$$
という群を考える．一方において，正方形の回転の群を考え，それを G' とする．a_1 は単位元，a_2 は $90°$ 回転，a_3 は $180°$ 回転，a_4 は $270°$ 回転とする．これらの a_1, a_2, a_3, a_4 は群 G' をつくる．
$$G' = \{a_1, a_2, a_3, a_4\}$$

この G' の乗法の表をつくると,

	a_1	a_2	a_3	a_4
a_1	a_1	a_2	a_3	a_4
a_2	a_2	a_3	a_4	a_1
a_3	a_3	a_4	a_1	a_2
a_4	a_4	a_1	a_2	a_3

ここで

$$1 \longleftrightarrow a_1, \ 3 \longleftrightarrow a_2, \ 9 \longleftrightarrow a_3, \ 7 \longleftrightarrow a_4$$

という対応を考えると, G と G' とは同型であることがわかる. そのためにたとえば G のならべ方を $\{1,3,9,7\}$ として表を書き換えて G' の表とくらべてみると,

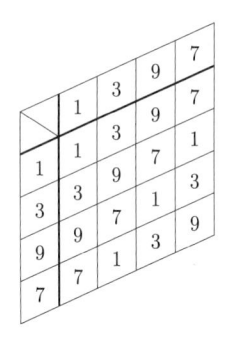

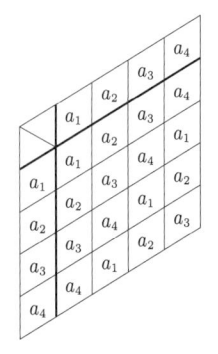

その2つの表は完全に重なってしまう.

例8 A, B を1つの命題とし, "A ならば B" という

命題からつぎのような命題をつくり出す操作を，I, N, R, C で表わす．

"A ならば B" $\xrightarrow{I}$ "A ならば B"

〃 $\xrightarrow{N}$ "「A ならば B」ではない"

〃 $\xrightarrow{R}$ "B ならば A"

〃 $\xrightarrow{C}$ "「B ならば A」ではない"

この 4 個の操作は群をつくる．$G = \{I, N, R, C\}$．そしてその乗法の表はつぎのようになる．

	I	N	R	C
I	I	N	R	C
N	N	I	C	R
R	R	C	I	N
C	C	R	N	I

この群を**クラインの 4 元群**とよぶことがある．

つぎに実数 x からつぎの数をつくる操作を a_1, a_2, a_3, a_4 で表わす．

$x \xrightarrow{a_1} x$

$x \xrightarrow{a_2} \dfrac{1}{x}$ （逆数）

$x \xrightarrow{a_3} -x$ （反数）

$x \xrightarrow{a_4} -\dfrac{1}{x}$ （逆数の反数）

この a_1, a_2, a_3, a_4 は群 G' をつくる．その乗法の表はつぎのようになる．

	a_1	a_2	a_3	a_4
a_1	a_1	a_2	a_3	a_4
a_2	a_2	a_1	a_4	a_3
a_3	a_3	a_4	a_1	a_2
a_4	a_4	a_3	a_2	a_1

ここで G と G' とを比較して，つぎのような1対1対応をつけると，同型であることがわかる．

$$I \longleftrightarrow a_1$$
$$N \longleftrightarrow a_2$$
$$R \longleftrightarrow a_3$$
$$C \longleftrightarrow a_4$$

例9 実数全体は加法について群——もちろん無限群——をつくる．これを G としよう．また正の実数は乗法について群——もちろん無限群——をつくる．これを G' としよう．

このとき，G の要素 x に対して，G' の要素 $x' = a^x$ ($a > 0, a \neq 1$) を対応させると，G と G' が同型であることがわかる．

$$a^{x_1+x_2} = a^{x_1} \cdot a^{x_2} = x_1' \cdot x_2'$$

$a^{x_1}, a^{x_2}, a^{x_1+x_2}$ はすべて正であるし，G の加法が G' の乗法に対応する．

したがって，G と G' は同型である．このとき G から G' への対応を与えるのは指数関数であり，逆に G' から G への対応を与えるのは対数関数である．

$$G \xrightarrow{a^x} G' \xrightarrow{\log x'} G$$

以上で群の同型の実例が与えられたので，つぎに一般的な定式化を与えよう．

2つの群 G, G' があり，そのあいだに1対1対応 $\varphi(x) = x'$ があるものとする．ただし x は G に属し，x' は G' に属するものとする．

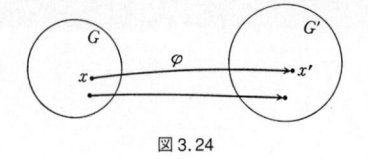

図 3.24

そして，
$$\varphi(x_1 x_2) = \varphi(x_1)\varphi(x_2)$$
$$\varphi(x^{-1}) = \varphi(x)^{-1}$$
が成立するとき，φ は G から G' への同型対応もしくは同型写像であるという．このような φ が存在するとき G と G' は同型であるといい，

$$G \cong G'$$

で表わす．

このように定義したとき，つぎのような定理が成り立つ．

定理5 G と G' が同型であるとき，その同型対応によって，G の単位元は G' の単位元に対応する．

証明 G, G' の単位元をそれぞれ e, e' とする．φ を G から G' への同型写像とすると，$ex = x$ であるから
$$\varphi(x) = \varphi(ex) = \varphi(e)\varphi(x)$$
$\varphi(x)^{-1}$ を両辺の右にかけると
$$\varphi(x)\varphi(x)^{-1} = \varphi(e)\varphi(x)\varphi(x)^{-1}$$
$$e' = \varphi(e)e' = \varphi(e)$$
つまり e は G の単位元 e' に対応する．

定理6 $G \cong G'$, $G' \cong G''$ のとき $G \cong G''$ となる．つまり同型という関係は推移的である．

証明 G から G' への同型写像を φ，G' から G'' への同型写像を ψ とする．
$$G'' \xleftarrow{\psi} G' \xleftarrow{\varphi} G$$
このとき，G の要素 x が
$$x' = \varphi(x)$$
$$x'' = \psi(x')$$
とする．このとき，
$$x'' = \psi(\varphi(x))$$
という写像を考えよう．これは φ と ψ が1対1対応であるから，$\psi(\varphi(x))$ もやはり1対1対応である．
$$\psi(\varphi(x_1 x_2)) = \psi(\varphi(x_1)\varphi(x_2))$$
$$= \psi(\varphi(x_1)) \cdot \psi(\varphi(x_2))$$
$$\psi(\varphi(x^{-1})) = \psi(\varphi(x)^{-1}) = \psi(\varphi(x))^{-1}$$
すなわち，$\psi(\varphi(x))$ は G から G'' への同型写像である．

このような同型写像が存在するから，G と G'' は同型である．

記号的には
$$G \cong G''$$
となる． (証明終り)

2つの群のあいだに存在する同型という関係は，いうまでもなく，まず反射的である．すなわち，すべての群は自分自身に同型である．

$$G \cong G$$

つまり，$\varphi(x)=x$ という対応をつけると，それは同型である．

また G から G' への同型対応 φ があれば G' から G への逆対応 φ^{-1} はまた同型対応であるから
$$G' \cong G$$
となる．つまり対称的である．

したがって，$\cong$ の関係は**反射的，対称的，推移的**である．だから1つの群に同型な群は1つの類をつくる．

§7. 群の自己同型群

定理7 1つの群 G の自己同型の全体はやはり群をつくる．$A(G)$ これを G の**自己同型群**という．

証明 G の自己同型の全体を
$$\varphi_1, \varphi_2, \cdots, \varphi_n, \cdots$$
としよう．

このとき，$\varphi_i(\varphi_k(x))$ $(i, k=1,2,\cdots,n,\cdots)$ はやはり

自己同型である．また，その逆の φ_i^{-1} もやはり自己同型であり，また $\varphi(x) = x$ もやはり自己同型である．

したがって，
$$A(G) = \{\varphi_1, \varphi_2, \cdots, \varphi_n, \cdots\}$$
は群をつくる．

例 10 $G = \{e, a, a^2\}$ $(a^3 = e)$ という群の自己同型群をもとめよ．

解 $\varphi = \begin{pmatrix} e & a & a^2 \\ e & a^2 & a \end{pmatrix}$ という写像は G の自己同型である．したがって，G の自己同型群は
$$A(G) = \{e, \varphi\}$$
である．

例 11 $G = \{e, a, a^2, a^3, a^4\}$ $(a^5 = e)$ という位数 5 の巡回群の自己同型群をもとめよ．

解 1 つの自己同型写像 φ によって G のなかの a がいかなる要素に写像されるかをみよう．
$$\varphi_r(a) = a^r = a'$$
としよう．

このときの r はどのような数であるべきかを考えてみよう．a' はもちろん
$$a'^5 = e$$
を満足しなければならないし，また 5 より小さい数 m で
$$a'^m = (a^r)^m = a^{rm} = e$$
となることは許されない．

ところが，r が $1, 2, 3, 4$ のときはすべてこの条件を満足

する. したがって,

$\varphi_1(a) = a$, $\varphi_2(a) = a^2$, $\varphi_3(a) = a^3$, $\varphi_4(a) = a^4$

はすべて自己同型を引き起こす.

このような2つの自己同型を引きつづき行なうと,

$$\varphi_i(\varphi_k(a)) = \varphi_i(a^k) = a^{ki}$$

となる. つまり i と k の乗法と同じになる. したがってその乗法の表は

	φ_1	φ_2	φ_3	φ_4
φ_1	φ_1	φ_2	φ_3	φ_4
φ_2	φ_2	φ_4	φ_1	φ_3
φ_3	φ_3	φ_1	φ_4	φ_2
φ_4	φ_4	φ_3	φ_2	φ_1

となる.

部分集合の乗法 これまでの議論をわかりやすくするために, 新しい乗法の記号を導入する.

群 G の部分集合を, $A, B, C, \cdots$ としよう. このとき, A の任意の要素 a と B の任意の要素 b の積 ab のすべての集合を AB で表わす. このとき,

$$(AB)C = A(BC)$$

が成り立つことは明らかであろう.

また A の任意の要素 a の逆 a^{-1} のすべての集合を A^{-1} で表わすことにしよう.

A が G の部分群であるとき，
$$A = A^{-1}, \quad AA^{-1} = A$$
が成り立つことは明らかであろう．

定理 8 G の部分集合 A について
$$AA^{-1} \subseteq A$$
が成り立つとき，A は部分群である．

証明 $a \in A$, $a^{-1} \in A^{-1}$ のとき，$aa^{-1} = e$ は A に含まれる．

A の任意の要素 a に対し，$e \in A$, $a^{-1} \in A^{-1}$ であるから
$$ea^{-1} = a^{-1} \in A$$
つまりその逆元 a^{-1} が A に含まれる．A の任意の要素 b に対して，
$$b^{-1} \in A, \quad (b^{-1})^{-1} = b \in A^{-1}$$
したがって，A の任意の要素 a との積は
$$ab \in AA^{-1} \subseteq A$$
だから A の任意の 2 要素の積はまた A に含まれる．したがって A は G の部分群である．

§8. 準同型

2つの群 G, G' があり，G から G' への写像 $\varphi(a) = a'$ があるものとする．そのとき a は G の要素であり，a' は G' の要素であるとする．

そして，任意の G' の要素 a' に対する $\varphi(a) = a'$ なる a が存在するものとしよう．つまり φ は G から G' の上への写像であるとする．

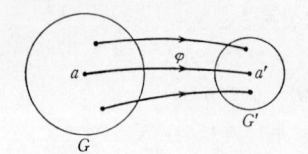

図 3.25

そして，つぎのように G の結合 ab が G' の結合 $a'b'$ に移行するものとする．

$$\varphi(a) = a'$$
$$\varphi(b) = b'$$

であって，

$$\varphi(ab) = a'b' = \varphi(a)\varphi(b)$$

つまり G の中での2つの要素の乗法を先にして φ によって G' に写した結果と，G から G' への写像を先にやって G' の中で積をつくった結果とが等しいのである．

ただし φ は1対1対応であるとは限らない．一般に多対1である．このとき G' は G に準同型であるといい，φ は G から G' への準同型写像という．とくに1対1対応のときに同型となるわけである．

例12 正3角形をその上に重ね合わせる自己同型群 D_3 を位数2の群 C_2 に写す準同型写像が存在することを示せ．

解
$$D_3 \longrightarrow C_2$$

$$\left.\begin{matrix} a_1 \\ a_2 \\ a_3 \end{matrix}\right\} \xrightarrow{\varphi} a_1{}'$$

$$\left.\begin{array}{c} a_4 \\ a_5 \\ a_6 \end{array}\right\} \xrightarrow{\varphi} a_2{}'$$

このとき, D_3 の乗法の表をもういちど見ると,

	a_1	a_2	a_3	a_4	a_5	a_6
a_1	a_1	a_2	a_3	a_4	a_5	a_6
a_2	a_2	a_3	a_1	a_5	a_6	a_4
a_3	a_3	a_1	a_2	a_6	a_4	a_5
a_4	a_4	a_6	a_5	a_1	a_3	a_2
a_5	a_5	a_4	a_6	a_2	a_1	a_3
a_6	a_6	a_5	a_4	a_3	a_2	a_1

	$a_1{}'$	$a_2{}'$
	$a_2{}'$	$a_1{}'$

ここで $\{a_1, a_2, a_3\}$ と $\{a_4, a_5, a_6\}$ とが一団となって行動していることがわかる.

準同型 $G \longrightarrow G'$ があったとき，G' の単位元 e' に対応する G の要素の全体を H としよう.
$$H \longrightarrow e', \qquad H \subseteqq G$$
ところでこの H は G のなかでどのような性質をもっているだろうか.
$$h_1 \in H$$
$$h_2 \in H$$
であるとき，$\varphi(h_1)=e'$, $\varphi(h_2)=e'$ となる.
$$\varphi(h_1 h_2) = \varphi(h_1)\varphi(h_2) = e' \cdot e' = e'$$
$$\varphi(h_1^{-1}) = \varphi(h_1)^{-1} = e'^{-1} = e'$$
したがって $h_1 h_2$ は H に属する. また h_1^{-1} も H に属する. つまり H は G の部分群である.

だが H は単なる部分群ではなく，そのほかにつぎのような著しい性質をもつ.

G' の同じ要素 $a_i{}'$ に写される G の要素の全体を L としよう. このとき L の 2 つの要素 a_1, a_2 は
$$\varphi(a_1) = \varphi(a_2) = a_i{}'$$
であり,
$$\varphi(a_1 a_2^{-1}) = \varphi(a_1)\varphi(a_2^{-1}) = \varphi(a_1)\varphi(a_2)^{-1}$$
$$= a_i{}' a_i{}'^{-1} = e'$$
となるから H の定義によって $a_1 a_2^{-1}$ は H に属する.
$$a_1 a_2^{-1} \in H$$

したがって a_1 は Ha_2 に属する. 逆に Ha_2 はすべて $a_i{}'$ に写されるから L と一致する.

同じく

$$\varphi(a_2^{-1}a_1) = \varphi(a_2^{-1})\varphi(a_1) = \varphi(a_2)^{-1}\varphi(a_1)$$
$$= {a_i'}^{-1}{a_i'} = e'$$

となるから

$$a_2^{-1}a_1 \in H$$

つまり，a_1 は a_2H に属する．同じく，a_2H は L と一致する．

したがって

$$Ha_2 = a_2H$$

これを少し変形してみると，

$$a_2^{-1}Ha_2 = H$$

ここで a_2 は G の任意の要素にとってもよい．

つまり G を H によって剰余類に分けてみると，その左剰余類と右剰余類は一致する．このような部分群 H を**正規部分群**という．G の正規部分群 H は G の任意の要素 x によって $x^{-1}Hx$ をつくっても H と一致する部分群と考えてもいいのである．

$$x^{-1}Hx = H$$

例13 D_4 のなかの正規部分群をえらび出せ．(p.83)

解 まず D_4 のすべての部分群を列挙してみよう．

$$D_4 = \{e, a, a^2, a^3, b, ab, a^2b, a^3b\}$$
$$(a^4 = e,\ b^2 = e,\ bab^{-1} = a^{-1})$$

という形となるから，D_4 自身の他に次のものがある．

$$g_1 = \{e, a, a^2, a^3\},\ g_2 = \{e, a^2, ab, a^3b\},$$
$$g_3 = \{e, a^2, b, a^2b\},\ g_4 = \{e, a^2\},$$
$$g_5 = \{e, b\},\ g_6 = \{e, a^2b\},\ g_7 = \{e\}$$

まず g_1 をしらべてみよう．

G の g_1 による剰余類の代表は (e, b) である．この e と b で $x^{-1}Hx$ をつくると，
$$e^{-1}g_1 e = \{e^{-1}ee, e^{-1}ae, e^{-1}a^2 e, e^{-1}a^3 e\}$$
$$= \{e, a, a^2, a^3\} = g_1$$
$$b^{-1}g_1 b = \{b^{-1}eb, b^{-1}ab, b^{-1}a^2 b, b^{-1}a^3 b\}$$
$$= \{e, a^3, a^2, a\} = g_1$$
したがって正規部分群である．

g_2 の場合は，その剰余類の代表は (e, a) である．
$$e^{-1}g_2 e = g_2$$
$$a^{-1}g_2 a = \{a^{-1}ea, a^{-1}a^2 a, a^{-1}aba, a^{-1}a^3 ba\}$$
$$= \{e, a^2, a^{-1}b, ab\}$$
$$= \{e, a^2, a^3 b, ab\} = g_2$$
g_2 は正規部分群である．

g_3 の剰余類の代表は，(e, a) である．
$$e^{-1}g_3 e = g_3$$
$$a^{-1}g_3 a = \{a^{-1}ea, a^{-1}a^2 a, a^{-1}ba, a^{-1}a^2 ba\}$$
$$= \{e, a^2, a^2 b, b\} = g_3.$$
すなわち，g_3 は正規部分群である．

g_4 の剰余類の代表は (e, a, b, ab) である．
$$e^{-1}g_4 e = g_4$$
$$a^{-1}g_4 a = \{a^{-1}ea, a^{-1}a^2 a\} = \{e, a^2\} = g_4$$
$$b^{-1}g_4 b = \{b^{-1}eb, b^{-1}a^2 b\} = \{e, a^2\} = g_4$$
$$(ab)^{-1}g_4 (ab) = \{(ab)^{-1}e(ab), (ab)^{-1}a^2 (ab)\}$$
$$= \{e, b^{-1}a^{-1}a^2 ab\} = \{e, a^2\} = g_4$$

したがって g_4 も正規部分群である.

g_5 の剰余類の代表は (e, a, a^2, a^3) である.
$$e^{-1} g_5 e = g_5$$
$$a^{-1} g_5 a = \{a^{-1} ea, a^{-1} ba\} = \{e, a^2 b\} \neq g_5$$
したがって, g_5 は正規部分群ではない.

g_6 の剰余類の代表は $(e, b, ab, a^3 b)$ である.
$$e^{-1} g_6 e = g_6$$
$$b^{-1} g_6 b = \{b^{-1} eb, b^{-1} a^2 bb\} = \{e, a^2 b\} = g_6$$
$$(ab)^{-1} g_6 ab = \{(ab)^{-1} e(ab), (ab)^{-1} a^2 b(ab)\}$$
$$= \{e, b^{-1} a^{-1} a^2 bab\} = \{e, b\} \neq g_6$$
したがって正規部分群ではない.

$g_7 = \{e\}$ はいうまでもなく, 正規部分群である.

結局 D_4 の正規部分群は
$$D_4 \text{ 自身}$$
$$\{e, a, a^2, a^3\}$$
$$\{e, a^2, ab, a^3 b\}$$
$$\{e, a^2, b, a^2 b\}$$
$$\{e, a^2\}$$
$$\{e\}$$
である.

つぎに G のなかに正規部分群 H があるとき, H をある群 G' の単位元に写すような G' への準同型写像が存在するであろうか. それは肯定的に答えられる.

G を H の剰余類に分ける.

図 3.26

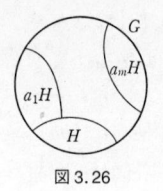

その右剰余類を $H, a_1H, a_2H, \cdots, a_mH$ とする. これは H が正規部分群であるから左剰余類

$$H, Ha_1, Ha_2, \cdots, Ha_m$$

と一致する.

その一つひとつの剰余類どうしの乗法を考えてみよう.

$$(a_iH)(a_kH) = a_i(Ha_k)H = a_i(a_kH)H$$
$$= a_ia_kHH = a_ia_kH$$

すなわち, その積はやはりまた1つの剰余類であり, それが2つ以上の剰余類に分散することはない.

したがって剰余類を1つの要素とみなすと, ここに1つの群ができる. この群を G' とする.

このとき, G から G' への準同型の写像が得られる.

$$G \longrightarrow G'$$

この写像はいうまでもなく, G の要素をそれを含む剰余類へ写す写像である.

この G' はいうまでもなく, G とその正規部分群 H によってつくり出されるものであり, この群を H による G の**剰余群**もしくは**商群**といい, G/H で表わす.

そこでつぎの定理が得られる.

定理 9 G の正規部分群 H によって，その剰余群 G/H がつくられ，G/H は G と準同型であり，そのとき H は G/H の単位元に写される要素の全体である．

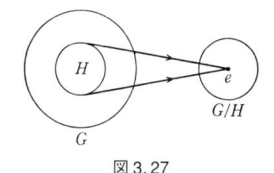

図 3.27

例 14 D_4 を正規部分群 $H = \{e, a^2\}$ によって剰余群 D_4/H をつくれ $(a^4 = e,\ b^2 = e)$．

解 H による剰余類をつくると
$$b_1 = \{e, a^2\},\quad b_2 = \{b, a^2b\},$$
$$b_3 = \{a, a^3\},\quad b_4 = \{ab, a^3b\}$$
となる．ここで b_1, b_2, b_3, b_4 のあいだの乗法はつぎのようになる．
$$b_1 b_1 = \{e, a^2, a^2, a^4\} = \{e, a^2\} = b_1$$

$$b_1 b_2 = \{b, a^2b, a^2b, a^4b\} = \{b, a^2b\} = b_2.$$
同様に

	$b_2 b_1 = b_2$	$b_3 b_1 = b_3$	$b_4 b_1 = b_4$
	$b_2 b_2 = b_1$	$b_3 b_2 = b_4$	$b_4 b_2 = b_3$
$b_1 b_3 = b_3$	$b_2 b_3 = b_4$	$b_3 b_3 = b_1$	$b_4 b_3 = b_2$
$b_1 b_4 = b_4$	$b_2 b_4 = b_3$	$b_3 b_4 = b_2$	$b_4 b_4 = b_1$

乗法の表をつくると

	b_1	b_2	b_3	b_4
b_1	b_1	b_2	b_3	b_4
b_2	b_2	b_1	b_4	b_3
b_3	b_3	b_4	b_1	b_2
b_4	b_4	b_3	b_2	b_1

§9. 対称群

n 個の数字 $\{1, 2, 3, \cdots, n\}$ を入れかえる置換の全体は $n!$ 個ある. この $n!$ 個の置換はいうまでもなく, 有限群をつくる.

もちろんその位数は $n!$ である. これを n 次の**対称群**といい, S_n で表わす.

定理10 位数 n の群は n 次の対称群 S_n の部分群と同型である.

証明 $G = \{a_1, a_2, \cdots, a_n\}$ とする. G の n 個の要素のなかの任意の要素 x を G の 1 つの要素 a_i で xa_i に写す写像は G の要素の番号の置換を引きこす.

$$x \longrightarrow xa_i$$

同じく a_k は

$$x \longrightarrow xa_k$$

となる. この 2 つを引き続いて行なえば

$$x \xrightarrow{a_i} xa_i \xrightarrow{a_k} (xa_i)a_k = x(a_i a_k)$$

つまり $a_i a_k$ による写像と同じである. だから G は n 次

の対称群の部分群と同型である．

その同型の部分群を G で表わすと
$$G \subseteqq S_n$$
となっている．

§10. 自己同型

有限群 G の自己同型は群をつくるが，これについて少し述べてみよう．
$$G = \{g_1, g_2, \cdots, g_n\}$$
の自己同型の全体を
$$A(G) = \{\varphi_1, \varphi_2, \cdots, \varphi_r\}$$
としよう．この各々の $\varphi_1, \varphi_2, \cdots, \varphi_r$ はやはり G の置換を引き起こすから S_n の部分群となることは明らかである．
$$A(G) \subseteqq S_n$$
このとき $A(G)$ と G の関係はどうであろうか．

G の1つの要素 a は任意の要素 x に対して，
$$x \longrightarrow xa$$
という置換を引き起こす．さらに xa に φ を施すと，
$$\varphi(xa) = \varphi(x)\varphi(a)$$
となる．これを図示するとつぎのようになる．

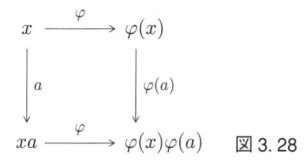

図 3.28

上から下にいくのは G の置換,左から右にいくのは $A(G)$ の置換である.
$$x \xrightarrow{\varphi^{-1}} \varphi^{-1}(x) \xrightarrow{\times a} \varphi^{-1}(x)a \xrightarrow{\varphi} x\varphi(a)$$
だから,$A(G)$ の任意の要素 φ で $\varphi^{-1}a\varphi$ をつくると,それがまた G に属する.つまり $\varphi^{-1}G\varphi = G$ となる.

逆にこのような φ は G のなかに自己同型を引き起こす.なぜなら,g_i, g_k を G の 2 つの要素とすると
$$\varphi^{-1}g_i g_k \varphi = \varphi^{-1}g_i\varphi \cdot \varphi^{-1}g_k\varphi$$
となるからである.

定理 11 G の自己同型は S_n のなかで
$$\varphi^{-1}G\varphi = G$$
となるような φ によって引き起こされる.そのような置換の全体が G の自己同型群 $A(G)$ である.

$\varphi^{-1}G\varphi = G$ となる φ の全体を B とする.B のなかで,G の各々の要素を動かさないものを C とする.任意の $g \in G$ に対して
$$\varphi^{-1}g\varphi = g, \quad g\varphi = \varphi g$$
であるから,B のなかで g の各々の要素と交換可能な要素となる.
$$C \subseteqq B$$
このとき B の任意の要素を b とすると,
$$(b^{-1}cb)^{-1}g(b^{-1}cb) = b^{-1}c^{-1}bgb^{-1}cb$$
$$= b^{-1}c^{-1}(bgb^{-1})cb$$
$\begin{pmatrix}\text{となり,}bgb^{-1} \text{ は } G \text{ の要素であるから,}\\ c \text{ とは交換可能となる.したがって}\end{pmatrix}$

$$= b^{-1}(bgb^{-1})b = g.$$

つまり $b^{-1}cb$ は G の各要素と交換可能となり，これまた C に属する．だから C は B の正規部分群である．

したがって，$A(G)$ は B/C に同型となる．

定理12 位数 n の群を n 次の対称群 S_n の部分群とみなすことにすると，その自己同型群 $A(G)$ は，B/C と同型となる．ただし，B は S_n のなかで
$$b^{-1}Gb = G$$
となるものの全体であり，C は G の任意の要素 g に対して
$$b^{-1}gb = g$$
となるものの全体である．

例15 $G = \{e, g, g^2\}$，$(g^3 = e)$ の自己同型群をもとめよ．

解 S_3 のなかで
$$e \longrightarrow \begin{pmatrix} e & g & g^2 \\ e & g & g^2 \end{pmatrix}, \quad a \longrightarrow \begin{pmatrix} e & g & g^2 \\ g & g^2 & e \end{pmatrix},$$
$$a^2 \longrightarrow \begin{pmatrix} e & g & g^2 \\ g^2 & e & g \end{pmatrix}$$

ここで g の指数で代表すると，
$$e \longrightarrow \begin{pmatrix} 0 & 1 & 2 \\ 0 & 1 & 2 \end{pmatrix}, \quad g \longrightarrow \begin{pmatrix} 0 & 1 & 2 \\ 1 & 2 & 0 \end{pmatrix},$$
$$g^2 \longrightarrow \begin{pmatrix} 0 & 1 & 2 \\ 2 & 0 & 1 \end{pmatrix}$$

となる．ここで $b^{-1}Gb = G$ となるのは S_3 そのものであ

る．またGの各要素と交換可能なのはGである．だから，$A(G)$はS_3/Gであり，これは$A(G)=\{e,a\}$となる．

§11. 共役類

群Gのなかで，2つの要素a,bが，その群に属する適当な要素xによって，つぎのように結びつけられているとき，互いに共役であるという．
$$b=xax^{-1}$$
この関係は反射的，対称的，推移的，すなわち同値律を満足する．

反射的であることは，$x=e$とすると，
$$a=eae^{-1}=a$$
だからである．

また
$$b=xax^{-1}$$
ならば
$$a=x^{-1}bx=(x^{-1})b(x^{-1})^{-1}$$
となるから，xの代りにx^{-1}をとれば対称的であることがわかる．

また，
$$xax^{-1}=b,\ x'bx'^{-1}=c$$
ならば
$$c=x'xax^{-1}x'^{-1}=(x'x)a(x'x)^{-1}$$
であるから，推移的であることがわかる．

したがってこの関係は同値律の条件を満たす．だから，

これを
$$a \sim b$$
という記号で表わすことができる．

同値的な2項関係は類別の基礎になるから，この共役という関係は G をいくつかの類に分割する．そのときの各々の類を**共役類**という．

定理 13 有限群 G の共役類の個数は G の位数の約数である．

証明 1つの共役類 C の1要素を a とする．この C は xax^{-1} （x は G のすべての要素をとる）全体の集合である．G のなかで $xax^{-1} = a$ となる要素全体の集合を $K(a)$ とすると，$K(a)$ は G の部分群をなす．

まず $eae^{-1} = a$ だから
$$e \in K(a)$$
また，$x \in K(a)$ ならば $xax^{-1} = a$ となる．ここで左から x^{-1} をかけ，右から x をかけると
$$a = x^{-1}ax = x^{-1}a(x^{-1})^{-1}$$
となるから
$$x^{-1} \in K(a)$$
が得られる．

また，$x, x' \in K(a)$ ならば
$$xax^{-1} = a$$
左から x'，右から x'^{-1} をかけると
$$x'xax^{-1}x'^{-1} = x'ax'^{-1} = a$$
$$(x'x)a(x'x)^{-1} = a$$

したがって
$$x'x \in K(a)$$
だから $K(a)$ は部分群をなす.

ここで, $C=\{a_1, a_2, \cdots, a_r\}$ とすると $(a_1=a)$
$$xa_1x^{-1} = a_k$$
$$x'a_1x'^{-1} = a_k$$
となる x があって
$$x^{-1}x'a_1x'^{-1}x = x^{-1}a_kx = a_1.$$
だから
$$x^{-1}x' \in K(a_1)$$
$$x' \in xK(a_1)$$

逆に, $x' \in xK(a_1)$ ならば $K(a_1)$ に属する x'' をえらんで $x'=xx''$ とすることができる.
$$x'a_1x'^{-1} = xx''a_1x''^{-1}x^{-1} = xa_1x^{-1} = a_k$$
つまり $xa_1x^{-1}=a_k$ となるような G の要素は $K(a_1)$ の剰余類となる. したがって $a_1, a_2, \cdots, a_r$ は $K(a_1)$ の剰余類と1対1対応する. したがって G の位数を n, $K(a_1)$ の位数を m, とすれば
$$r = \frac{n}{m}$$
つまり r は n の約数となる. (証明終り)

例 16 S_3 を共役類に分けよ.

解 p.74 における表を用いる.

$a_1 = e$ の共役類は
$$xex^{-1} = e$$
だから a_1 だけである. $\{e\}$

a_2 の属する類は

$$a_1 a_2 a_1^{-1} = a_2, \ a_2 a_2 a_2^{-1} = a_2, \ a_3 a_2 a_3^{-1} = a_2,$$
$$a_4 a_2 a_4^{-1} = a_3, \ a_5 a_2 a_5^{-1} = a_3, \ a_6 a_2 a_6^{-1} = a_3$$

であるから $\{a_2, a_3\}$

a_4 の属する類は,

$$a_1 a_4 a_1^{-1} = a_4, \ a_2 a_4 a_2^{-1} = a_6, \ a_3 a_4 a_3^{-1} = a_5,$$
$$a_4 a_4 a_4^{-1} = a_4, \ a_5 a_4 a_5^{-1} = a_6, \ a_6 a_4 a_6^{-1} = a_5$$

であるから $\{a_4, a_5, a_6\}$ である.

したがって S_3 は,

$$\{a_1\}, \ \{a_2, a_3\}, \ \{a_4, a_5, a_6\}$$

という共役類に分かれる.

§12. 対称群の共役類

より一般に n 個のもののすべての置換の群, つまり n 次の対称群 S_n の位数は $n!$ であるが, この群の共役類をもとめてみよう.

$\{1, 2, \cdots, n\}$ という文字の置換 S はつぎのように巡回するいくつかの環に分かれる.

S によって, a_i が a_{i+1} に, a_{i+1} が a_{i+2} へと, ……うつされて, 最後に a_i にもどってくると,

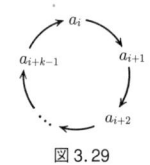

図 3.29

となるものとする．これが1つの環になり，これを
$$(a_i, a_{i+1}, \cdots, a_{i+k-1})$$
で表わす．このとき，S はいくつかの環に分かれる．
$$(a_1, a_2, \cdots, a_l)(a_{l+1}, \cdots, a_{l+m})\cdots(\quad)$$
$$n = l+m+\cdots$$
という形になる．

このとき，環の長さがひとつひとつ一致するような他の置換
$$s' = (a_1', a_2', \cdots, a_l')(a_{l+1}', \cdots, a_{l+m}')\cdots$$
があったとする．

ここで
$$x = \begin{pmatrix} a_1' & a_2' & \cdots & a_l' & a_{l+1}' & \cdots \\ a_1 & a_2 & \cdots & a_l & a_{l+1} & \cdots \end{pmatrix}$$
を考えると
$$x^{-1} = \begin{pmatrix} a_1 & a_2 & \cdots & a_l & a_{l+1} & \cdots \\ a_1' & a_2' & \cdots & a_l' & a_{l+1}' & \cdots \end{pmatrix}$$
となり，xsx^{-1} という置換は
$$a_i' \xrightarrow{x} a_i \xrightarrow{s} a_{i+1} \xrightarrow{x^{-1}} a_{i+1}'$$
であるから結局
$$a_i' \longrightarrow a_{i+1}'$$
となり，これは S' に等しい．したがって
$$xsx^{-1} = s'$$

逆に，このような s, s' の環の長さは等しい．だから，$l, m, \cdots$ という環の長さの系列は1つの共役類と対応する．ここで $l \geqq m \geqq \cdots$ ときめてもよいから，$n = l+m+$

…という表わし方の数だけの共役類があることになる.

S_1 はもちろん $1=1$ しかないから共役類は 1.

S_2 は
$$2 = 2 = 1+1$$
だから共役類は 2.

S_3 は
$$3 = 3 = 2+1 = 1+1+1$$
だから共役類は 3.

S_4 は
$$4 = 4 = 3+1 = 2+2$$
$$= 2+1+1 = 1+1+1+1$$
だから共役類は 5.

群 G のなかで他のすべての要素と交換可能な要素の集合を G の中心という.

定理 14 中心は G の正規部分群をつくる.

証明 a, b が G のすべての要素と交換可能ならば
$$x(ab) = (xa)b = (ax)b = a(xb) = a(bx) = (ab)x$$
であるから,ab もすべての要素と交換可能である.

また,$xa = ax$ から $a^{-1}x = xa^{-1}$ となり,a^{-1} もまた交換可能である.

したがって,このような,$a, b, \cdots$ は G の部分群をなし,またそれが正規部分群であることは明らかである.

定理 15 1つの素数 p の累乗 p^r を位数にもつ群は単位群より大きい中心をもつ.

証明 群 G の位数は p^r であるとする.このとき各々の

共役類の個数は定理 13 によって p^r の約数である．一方，単位元の e からできている共役類 (e) の個数はもちろん 1 である．もしその他の共役類の個数がすべて p の倍数であったら

$$p^r = 1 + p(\cdots)$$

という式が成り立つことになって，矛盾が起こる．

したがって，(e) 以外にも個数 1 の共役類が存在しなければならない．このような a は G のすべての要素と交換可能であるから，中心に属する．だから中心は単位元以外の要素をもつ． (証明終り)

§13. 可換群の構造定理

単生群 前にのべたように 2 つの操作は一般的に連結の順序をかえると異なった結果を生ずるものである．そのために群は一般に非可換である．しかし，たとえば数の加法のような群は $a+b=b+a$ となり，可換である．だから，すべての要素が互いに可換であるような群も少なくない．このような群を**可換群**もしくは**アーベル群**と名づける．

ここではそのような可換群の構造定理ともいわれるものについてのべよう．それは要するに複雑な構造——これを**複合構造**と名づけよう——をもっとも単純な構造——これを**素構造**と名づけよう——に分解し，また逆にそれらの素構造を組織して複雑な構造を構成してみることである．

前者は典型的な分析であり，後者はまた典型的な総合に当たる．

$$\text{複合構造} \xrightleftharpoons[(総合)]{(分析)} \text{素構造}$$

このような考え方を有限可換群に適用してみよう．

では，そのさいもっとも単純な構造，つまり素構造に当たるものとしては何をとったらよいだろうか．

元来，可換群のなかでもっとも早くからわれわれに親しまれてきたのは，いうまでもなく，整数の加法の群 Z

$$Z = \{\cdots, -3, -2, -1, 0, +1, +2, +3, \cdots\}$$

であろう．

この群は，Z のなかのただ 1 つの要素 $+1$ とその逆元 -1 との加法を限りなく繰り返すことによって，すべての要素がつくられていく，ということである．

つまり"ただ 1 つの要素から生成されている"といってよい．このような群を**単生群**と名づけている．このような単生群はもちろん可換群であり，そのなかの素構造として選ぶことはきわめて自然なことであろう．

さて，この単生群は無限群と有限群とに大別することができる．

整数の加法の群はいうまでもなく，無限群であり，そのなかのいかなる要素も有限の位数をもつことはない．

これに対して有限位数の単生群は $+1$ を有限回加えていくと，単位元の 0 にもどってくるわけである．n 回の加法ではじめて 0 になったとしよう．

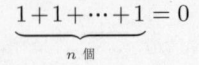

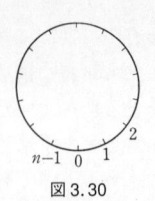

$$\underbrace{1+1+\cdots+1}_{n\text{ 個}}=0$$

図 3.30

これは円周上に並んでいるものとみると考えやすい．このような群の位数はいうまでもなく，n である．

群の結合の記号を乗法で書くと，ある1つの要素 a の累乗ですべて表わされる．

$$C=\{e,a^1,a^2,\cdots,a^{n-1}\}\quad (a^n=e)$$

このような有限の単生群が巡回群であった．

この巡回群の部分群についてはつぎの定理が成り立つ．

定理 16 位数 n の巡回群の部分群はすべてまた巡回群であり，n の任意の約数 g に対しては，g を位数とする部分巡回群が1つだけ含まれる．

証明 C を位数 n の巡回群として，それに含まれる1つの部分群を S とする．

$$S\subseteqq C=\{e,a^1,a^2,\cdots,a^{n-1}\}$$

このとき，S の要素のなかで a の指数のもっとも小さいもの（e は除く）を a^d とする．

a^m が S に属しておれば

$$m = qd + r \quad (0 \leqq r < d)$$

として,

$$a^m = a^{qd+r} = (a^d)^q a^r$$

$(a^d)^q$ も S に属しているから, a^r は S に属する. はじめに d は 0 でない指数のうち最小のものとしたから, d より小さな r は 0 であるほかはない. したがって $r = 0$. ここから $m = qd$. つまり

$$a^m = (a^d)^q$$

すなわち, S の要素はすべて a^d の累乗で表わされる. 換言すれば S は a^d を生成元とする巡回群である.

このとき, $a^n = e$ は S に属するから, d は n の約数である. $n = dg$ とすると, この群の位数は g である.

だから, C の任意の部分群は n の約数 d に対する a^d によって生成される巡回群である. この群の位数は逆に n の任意の約数を d としよう. このとき a^d によって生成される

$$\left\{ e, a^d, a^{2d}, \cdots, a^{d\left(\frac{n}{d}-1\right)} \right\}$$

が C の部分群であることは明らかである. (証明終り)

a^d によって生成される部分群を $S(d)$ としよう. このとき, 部分群どうしのあいだにはつぎの定理が成り立つ.

定理 17 d' が d の倍数であるとき, $S(d')$ は $S(d)$ の部分群である. 逆もまた成り立つ.

証明 $d' = qd$ (q は正の整数) とすると, $a^{d'} = (a^d)^q$ であるから $a^{d'}$ は $S(d)$ に含まれる. したがって $S(d')$ の

すべての要素は $S(d)$ に含まれる. だから
$$S(d') \subseteq S(d)$$
また $S(d') \leq S(d)$ から d' が d の倍数であることは容易に結論できる. (証明終り)

たとえば位数12の巡回群において, その部分群を列挙してみよう. その群を時計の文字盤で表わしてみよう. ただし12のところは0としよう. 文字盤の数字 m は a^m の指数 m に対応する.

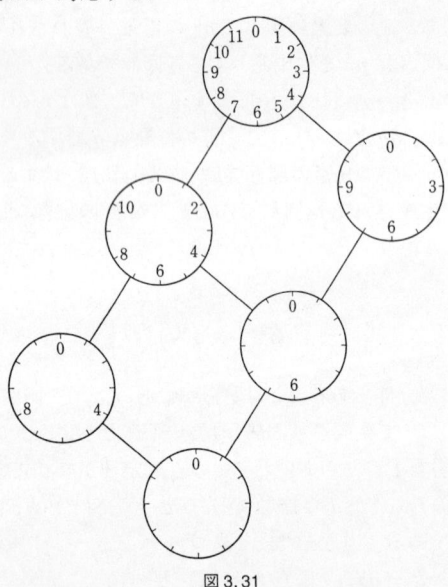

図3.31

以上のように位数12の巡回群は12の約数の個数6だけの部分群を有することが確かめられたわけである.

このことはもちろん一般の位数についてもいえる.

§14. 群の直積

2次元のベクトル全体はいうまでもなく,加法について群をつくる.これをV_2で表わそう.そのとき,群の要素をx軸成分とy軸成分に分けると,各々の要素は
$$a = [x, y],\ a' = [x', y']$$
という形に書ける.2つのベクトルの加法は
$$a + a' = [x, y] + [x', y'] = [x + x', y + y']$$
という形になる.

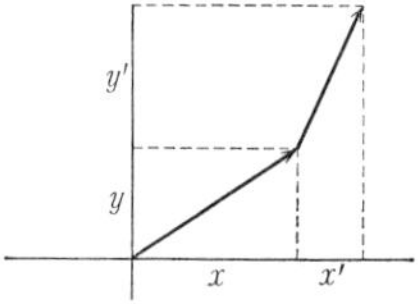

図3.32

ここで$[x, 0]$なる要素全体はV_2の部分群をつくる.この群をXで表わそう.同じく$[0, y]$なる要素の全体も部分群をつくる.これをYで表わす.

このXとYとの共通部分は$[0, 0]$つまりV_2の単位元だけである.
$$X \cap Y = [0, 0]$$

V_2 の任意の要素 $[x,y]$ は
$$[x,y] = [x,0]+[0,y].$$
しかもその分かれ方は 1 通りである.

このことを念頭において V_2 の加法を考えるには X の内部で Y はまったく棚上げして,加法を行ない,また Y の内部で X とはまったく無関係に Y の加法を行ない,その結合をならべて書けばよいのである.

このようなことが成り立つにはつぎのような条件が必要であった.

(1) V_2 の任意の要素は X の要素と Y の要素の和で表わされる.

(2) X と Y の共通部分は V_2 の単位元だけである.

このようなとき,V_2 は X と Y の**直和**であるという.積の形では**直積**である.

つまりこのことは,V_2 が X と Y への直和(もしくは直積)へ分解したことを意味する.

これを
$$V_2 = X+Y$$
と書く.

このことを一般の群に拡張してみよう.

2つの群 A, B がある.A, B は一般に可換である必要はない.各々の要素 a, b の組 $[a,b]$ のあいだの積が
$$[a,b][a',b'] = [aa',bb']$$
で表わされるとき,$[a,b]$ は 1 つの群をつくり,それを A, B の**直積**といい,

$$A \times B$$

で表わす.

この $A \times B$ が群をつくることは明らかである.この群を G で表わすと,

$$G = A \times B$$

で表わすことができる.

いま,A, B の単位元をそれぞれ e, e' として G のなかに $[a, e']$ という形の部分群を A,逆に $[e, b]$ という形の部分群を B で表わすと,それらの群は A, B と同型であり,また共通部分は $[e, e']$ つまり G の単位元だけである.しかも A, B は G の正規部分群である.

このことを逆に利用すると,つぎの定理が得られる.

定理 18 群(可換とは限らない)G の中に正規部分群 A, B が含まれ

(1) G の要素は A, B の要素の積で表わされる.

(2) $A \cap B = \{e\}$

このとき,$G = A \times B$ となる.

証明 A, B の任意の要素をそれぞれ a, b とするとき,$aba^{-1}b^{-1}$ をつくると,

$$c = aba^{-1}b^{-1} = (aba^{-1})b^{-1}$$

とすると B が正規部分群であるから aba^{-1} は B に属する.したがって,c は B に属する.また

$$c = aba^{-1}b^{-1} = a(ba^{-1}b^{-1})$$

とすると,A が正規部分群であるから,$ba^{-1}b^{-1}$ は A に属する.だから c は A にも属する.結局 c は A, B の双方

に属する．ところが $A \cap B = \{e\}$ だから，
$$aba^{-1}b^{-1} = e$$
したがって
$$ab = ba.$$

結局，A, B の任意の要素は可換でなければならぬ．

一方，G の要素は
$$a'b'a''b''a'''b'''\cdots$$
という形に表わされ，しかも A と B とが可換だから
$$(a'a''a'''\cdots)(b'b''b'''\cdots)$$
という形になり，ab という形にかける．

このような2つの要素の乗法は
$$(a_1b_1)(a_2b_2) = a_1a_2b_1b_2 = (a_1a_2)(b_1b_2)$$
となり，A, B のなかだけで乗法を行なって，2つの結果を並べておけばよいのである．

このような2つの要素が等しいものとしよう．
$$a_1b_1 = a_2b_2$$
これから
$$a_2^{-1}a_1 = b_2b_1^{-1}$$
となり，左辺は A に属し，右辺は B に属する．ところが A, B の共通部分は単位元だけであるから
$$a_2^{-1}a_1 = b_2b_1^{-1} = e$$
となる．したがって
$$\begin{cases} a_1 = a_2 \\ b_1 = b_2 \end{cases}$$
が得られる．だから ab という積による表わし方は1通り

しかない.

結局 $G = A \times B$ という形に表わされることがわかった.

(証明終り)

§15. 可換群の直積

まずつぎの補題を証明しよう.

補題 p が可換群 G の位数 n の素因数であるとき，G は位数 p の要素を含む.

証明 G の素因数の個数 k に対して帰納法を適用してみよう.

(1) $k=1$ のときは位数が素数 p であるから明らかに位数 p の要素を含む.

(2) k まで正しいとして，$k+1$ の場合にも正しいことを証明しよう. G の素因数の個数は $k+1$ とする. このとき, G の1つの要素（単位元ではない）a の位数を m とすると，m は位数 n の約数である. m のなかに p が含まれていると,

$$(a^{m/p})^p = e$$

だから, $a^{m/p}$ の位数が p となり，仮定は正しい.

m のなかに p が含まれていないときは, a で生成される巡回群 $\{a\}$ で G の剰余群 $G/\{a\}$ をつくると，この位数は n/m でその素因数の個数 k 以下となる. そして p は n/m に含まれる. だから $G/\{a\}$ は仮定によって位数 p の要素を含む. その要素の類に属する G の要素を b とすると,

$$b^p = a^l$$
となる. p と m は互いに素だから
$$px + my = l$$
となる整数 x, y が存在する.
$$b^p = a^l = a^{px+my} = a^{px} \cdot (a^m)^y = (a^x)^p$$

ここで $(ba^{-x})^p = e$ であり，しかも b は $\{a\}$ には属さないから ba^{-x} は e ではない. しかも位数 p の要素である. (証明終り)

可換群 G の位数 n が，互いに素な 2 つの数 m, m' の積で表わされるものとしよう.
$$n = mm', \quad (m, m') = 1$$

このとき，G は位数がそれぞれ m, m' となる 2 つの可換群 A, B の直積として表わされることを示そう.

まず G のなかで
$$a^m = e$$
となる要素の全体を A とすると，A は G の部分群をなす. なぜなら
$$a \in A$$
ならば $a^m = e$ となり，$(a^m)^{-1} = e$, $(a^{-1})^m = e$, したがって,
$$a^{-1} \in A$$
また，$a, b \in A$ ならば $a^m = e$, $a'^m = e$ となるから
$$a^m a'^m = e$$
a, a' は可換だから
$$(aa')^m = e$$

したがって，
$$aa' \in A.$$
だから A は部分群をなす．

群 A の位数は m と互いに素な素因数を含むことはない．なぜなら，そのような素因数 p を含むとしたら，補題により A は位数 p の要素 a を含む．ここで
$$px + my = 1$$
となる整数 x, y が存在し，
$$a = a^1 = a^{px+my} = (a^p)^x \cdot (a^m)^y = e^x \cdot e^y = e$$
となり，$a \neq e$ に矛盾するからである．

したがって A の位数は m の素因数のみを含む．

一方また $b^{m'} = e$ となるすべての要素を B とすると，B はまた G の部分群をなす．

一方 $A \cap B$ の要素を c とすると，定義によって，
$$c^m = e, \quad c^{m'} = e$$
ここで $(m, m') = 1$ であるから
$$mx + m'y = 1$$
となる整数 x, y が存在する．
$$c = c^1 = c^{mx+m'y} = (c^m)^x \cdot (c^{m'})^y = e^x \cdot e^y = e$$
したがって
$$A \cap B = \{e\}.$$
また G の任意の要素を d としよう．
$$d = d^1 = d^{m'y+mx} = d^{m'y} \cdot d^{mx}$$
とすると，
$$(d^{m'y})^m = d^{mm'y} = d^{ny} = e^y = e$$

だから $d^{m'y}$ は A に属し,同じく
$$(d^{mx})^{m'} = d^{mm'x} = d^{nx} = e^x = e$$
だから d^{mx} は B に属する.だから
$$G = A \times B$$
と書ける.

A, B の位数をそれぞれ m_1, m_1' とすると
$$n = m_1 m_1'$$
一方 $n = mm'$ であり,また,m と m_1,m' と m_1' は同種類の素因数のみを含むことが証明されたから m_1 と m_1' とは互いに素であり素因数分解の一意性によって,
$$m = m_1, \ m' = m_1'$$
となる.

したがって A, B の位数はそれぞれ m, m' である.

定理 19 可換群は素数の累乗を位数とする可換群の直積に分解する.

証明 $n = p_1^{\alpha_1} p_2^{\alpha_2} \cdots p_s^{\alpha_s}$ において $p_1^{\alpha_1}$ と $p_2^{\alpha_2} p_3^{\alpha_3} \cdots p_s^{\alpha_s}$ とは互いに素であるから,定理 18 によって,この群は位数が $p_1^{\alpha_1}$ と $p_2^{\alpha_2} p_3^{\alpha_3} \cdots p_s^{\alpha_s}$ となる群の直積に分解される.このことをつぎつぎに行なっていくと,結局この群は位数がそれぞれ $p_1^{\alpha_1}, p_2^{\alpha_2}, \cdots, p_s^{\alpha_s}$ となる可換群の直積に分解される.　　　　　(証明終り)

ここでわれわれは,素数の累乗 p^n を位数とする可換群の分解にうつることができるようになった.最終の目標はこれらを巡回群の直積に分解することである.

まず G は位数 p^n の可換群とする.

G のなかで最大の位数をもつ要素を a としよう. その位数を p^{n_1} とする. ここで $n_1 = n$ ならば G は a によって生成される巡回群となり, 証明はそこで終る.

$$n_1 < n$$

としよう. a によって生成される巡回群 $\{a\}$ によって G の剰余群 $G/\{a\}$ をつくろう. この群の位数は p^{n-n_1} である. このなかで最大の位数 p^{n_2} をもつ要素の類の代表を b としよう. $n_2 \leqq n_1$ は明らかである. $b^{p^{n_2}}$ は $\{a\}$ に属するから

$$b^{p^{n_2}} = a^r$$

となる.

ここで両辺を $p^{n_1-n_2}$ 乗してみると
$$b^{p^{n_2}(p^{n_1-n_2})} = a^{p^{n_1-n_2} \cdot r}$$
$$b^{p^{n_1}} = a^{p^{n_1-n_2} \cdot r}$$

p^{n_1} は G における最大の位数だから, $b^{p^{n_1}} = e$ となり,
$$a^{p^{n_1-n_2} \cdot r} = e$$

a の位数は p^{n_1} だから $p^{n_1-n_2} \cdot r$ は p^{n_1} で割り切れねばならない. そのためには $p^{-n_2} \cdot r$ は整数となり, r は p^{n_2} の倍数になる.

$$r = p^{n_2} \cdot s$$
$$b^{p^{n_2}} = a^r = a^{p^{n_2}s} = (a^s)^{p^{n_2}}$$

したがって

$$(ba^{-s})^{p^{n_2}} = e$$

ここで b の代りに $ba^{-s} = b_1$ をとると
$$b_1^{p^{n_2}} = e$$

となる．しかもこの b_1 の位数は p^{n_2} である．b_1 で生成される巡回群 $\{b_1\}$ と $\{a\}$ の共通部分は単位元だけである．

$\{a\}\times\{b_1\}$ で G がつくされたら，ここで終るが，G は集合としてそれより大きいとすると，つぎのように続く．

$G/\{a\}\times\{b_1\}$ のなかで c の類が最大の位数 p^{n_3} をもつとすると，$n_3 \leq n_2$ である．
$$c^{p^{n_3}} = a^r b_1^s$$
とする．ここで両辺を $p^{n_2-n_3}$ 乗すると，
$$c^{p^{n_2}} = a^{rp^{n_2-n_3}} b_1^{sp^{n_2-n_3}}$$
これは $\{a\}$ に含まれるから，$b_1^{sp^{n_2-n_3}}$ は $\{a\}$ に含まれ，したがって s は p^{n_3} で割り切れねばならない．$s = s'p^{n_3}$ とおく．さらに $p^{n_1-n_3}$ 乗すると
$$e = c^{p^{n_1}} = a^{rp^{n_1-n_3}} b_1^{sp^{n_1-n_3}}$$
であり，r も p^{n_3} の倍数である．
$$r = r'p^{n_3}$$
$$(ca^{-r'}b_1^{-s'})^{p^{n_3}} = e$$

ここで $ca^{-r'}b_1^{-s'} = c_1$ とおくと，
$$c_1^{p^{n_3}} = e$$
となり，$\{c_1\}$ は $\{a\},\{b_1\}$ と共通部分 $\{e\}$ だけをもつ．

このことを続けていくと，まったく同様に G は $\{a\}$，$\{b_1\},\{c_1\},\cdots$ という巡回群の直積となることがわかる．

(証明終り)

§16. 一意性

素数の累乗 p^n を位数とする可換群 G は巡回群の直積に分解できた．
$$G = G_1 \times G_2 \times \cdots \times G_r$$
ここで $G_1, G_2, \cdots, G_r$ の生成元は $a_1, a_2, \cdots, a_r$ で位数はそれぞれ $p^{e_1}, p^{e_2}, \cdots, p^{e_r}$ とし，指数 $e_1, e_2, \cdots, e_r$ は大小の順に並べられているものとする．
$$e_1 \geqq e_2 \geqq \cdots \geqq e_r$$
G の分解はつぎのように他にもあり得る．
$$G = H_1 \times H_2 \times \cdots \times H_s$$
$H_1, H_2, \cdots, H_s$ の生成元は $b_1, b_2, \cdots, b_s$ で位数は $p^{f_1}, p^{f_2}, p^{f_s}$ ($f_1 \geqq f_2 \geqq \cdots \geqq f_s$) とする．

$G_1, G_2, \cdots, G_r$ と $H_1, H_2, \cdots, H_s$ は G の部分群としては異なっているが，それ自身としてはつぎつぎに同型となる．すなわち，$r = s$ で
$$G_1 \cong H_1, \quad G_2 \cong H_2, \quad \cdots, \quad G_r \cong H_s$$
となるのである．

そのことを証明するには結局
$$e_1 = f_1, \; e_2 = f_2, \; \cdots, \; e_r = f_s$$
を証明すればよい．

証明のためには G の位数についての帰納法を用いる．G の位数 p のときには明らかに位数 p の巡回群であるから定理は成り立つ．

p^n 以下の位数にはすべて成り立っているものとする．

G の中で x^p という形で表わされる要素の全体を G^p と

すると, G^p は部分群をなしている. また $x^p = e$ なる要素 x の全体を G_p とすると, G_p はまた部分群をなしている.

G_p の生成元は
$$a_1^{p^{e_1-1}}, a_2^{p^{e_2-1}}, \cdots, a_r^{p^{e_r-1}}$$
で, その位数は p^r である.

一方, $e_1 = e_2 = \cdots = e_r = 1$ ならば $G^p = \{e\}$ である.

$e_1 \geqq e_2 \geqq \cdots \geqq e_m > e_{m+1} = e_{m+2} = \cdots = e_r = 1$
ならば G^p の生成元は
$$a_1{}^p, a_2{}^p, \cdots, a_m{}^p$$
である.

$H_1, H_2, \cdots, H_s$ の生成元
$$b_1, b_2, \cdots, b_s$$
についていえば G_p の位数が p^r であることから $s = r$ でなければならない.

また, G^p の位数は G より小さいから帰納法の仮定によって,
$$f_1 - 1 = e_1 - 1, \ f_2 - 1 = e_2 - 1, \ \cdots, \ f_m - 1 = e_m - 1$$
したがって
$$f_1 = e_1, \ f_2 = e_2, \ \cdots, \ f_m = e_m$$
$$f_{m+1} = 1, \ f_{m+2} = 1, \ \cdots, \ f_r = 1$$
となり, 結局
$$f_1 = e_1, \ f_2 = e_2, \ \cdots, \ f_r = e_r$$
が得られた.

定理20 素数の累乗 p^n を位数とする可換群を巡回群の直積に分解するしかたは1通りである. 換言すれば巡

回群の位数の列は 1 通りに定まる．

例 17　位数が p^3 である可換群はいくつあるか．

位数の積が p^3 になるような種類は
$$p^3 = p^3 \quad (3=3)$$
$$p^2 \cdot p^1 = p^3 \quad (2+1=3)$$
$$p \cdot p \cdot p = p^3 \quad (1+1+1=3)$$
で，結局，3 種類ある．

定理 21　巡回群 $C_1, C_2, \cdots, C_n$ の位数をそれぞれ $m_1, m_2, \cdots, m_n$ として，$m_1, m_2, \cdots, m_n$ はどの 2 つをとっても互いに素であるとき，その直積 $C_1 \times C_2 \times \cdots \times C_n$ は位数 $m_1 m_2 \cdots m_n$ の巡回群である．

証明　$C_1, C_2, \cdots, C_n$ の生成元を $a_1, a_2, \cdots, a_n$ とし，
$$b = a_1 a_2 \cdots a_n$$
とおく．b の位数をもとめてみよう．
$$b^r = a_1{}^r a_2{}^r \cdots a_n{}^r = e$$
ならば $a_1{}^r = e, a_2{}^r = e, \cdots, a_n{}^r = e$ でなければならないから，r は $m_1, m_2, \cdots, m_n$ のすべてによって割り切れなければならない．しかるに $m_1, m_2, \cdots, m_n$ はどの 2 つをとっても互いに素なのだから，r は $m_1 m_2 \cdots m_n$ によって割り切れねばならない．一方 $C_1 \times C_2 \times \cdots \times C_n$ の位数は $m_1 m_2 \cdots m_n$ であるから，$b^{m_1 m_2 \cdots m_n} = e$ となり，b の位数はちょうど $m_1 m_2 \cdots m_n$ である．したがって $C_1 \times C_2 \times \cdots \times C_n$ は b によって生成される巡回群である．

§17. 同型定理

群の研究によく利用される2つの同型定理がある.

そのうちの1つをまず述べよう.

第1同型定理 群 G のなかに正規部分群 H と部分群 F とがある. このとき FH は G の部分群となり, $F \cap H$ は F の正規部分群となる. そのとき,
$$FH/H \cong F/(F \cap H)$$
が成り立つ.

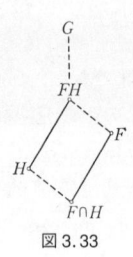

図 3.33

証明 仮定によって, H は正規部分群だから
$$(FH)(FH)^{-1} = (FH)(H^{-1}F^{-1}) = FHH^{-1}F^{-1}$$
$$= FHF = FFH = FH$$
となり FH は G の部分群となる. H は G の正規部分群だから, もちろん FH の正規部分群である.

また $F \cap H$ の任意の要素を x, F の任意の要素を f とすると, x が H に属するから fxf^{-1} は H に属する. また x は F にも属するから, fxf^{-1} は F にも属する. したがってこれは $F \cap H$ に属する.

だから $F \cap H$ は F の正規部分群である.

$F/(F \cap H)$ の剰余類を
$$F \cap H, (F \cap H)a_1, \cdots, (F \cap H)a_r$$
とする. もちろん $a_1, a_2, \cdots, a_r$ は F に属する.

ここで FH/H のなかで
$$H, Ha_1, Ha_2, \cdots, Ha_r$$
という集合を考える.

FH の任意の要素を $f_1 h_1$ とすると, f_1 は $(F \cap H)a_i$ に属する. $f_1 h_1$ は Ha_i に属する. したがって FH は H, $Ha_1, Ha_2, \cdots, Ha_r$ の合併集合に等しい. これらの部分集合は互いに共通部分を有しない. もし Ha_i と Ha_k が共通部分を有したら
$$h_i a_i = h_k a_k$$
となり,
$$a_i a_k^{-1} = h_i^{-1} h_k \in H$$
一方, $a_i a_k^{-1}$ は F に属するから, $a_i a_k^{-1}$ は $F \cap H$ に属する. これは $(F \cap H)a_i$ と $(F \cap H)a_k$ とが異なる剰余類であるという最初の仮定に反する. したがって, H, $Ha_1, Ha_2, \cdots, Ha_r$ は FH/H の剰余類である.

ここで FH/H の剰余類と $F/(F \cap H)$ の剰余類のあいだには
$$Ha_i \rightleftarrows (F \cap H)a_i$$
なる1対1対応が存在する. その対応は右辺が左辺の部分集合になっているような対応である.

そして, その FH/H では Ha_i と Ha_k との積は $a_i a_k$

を含む類となるから，それは $F/(F\cap H)$ でも同じく a_ia_k を含む類となる．つまりその対応は同型対応である．したがって

$$FH/H \cong F/(F\cap H)$$

例18 C_{mn} は a を生成元とする位数 mn の巡回群とする．

$$a^{mn}=e$$

a^n を生成元とする位数 m の巡回群を C_m，a^m を生成元とする位数 n の巡回群を C_n とする．

C_{mn} は可換だから C_m, C_n は正規部分群となり，第1同型定理の条件を満足している．

C_mC_n は C_m と C_n とを含む最小の部分群であるから，m, n の最大公約数を (m, n) とするとき，$a^{(m,n)}$ によって生成される部分群である．$C_m \cap C_n$ は m, n の最小公倍数を $[m, n]$ としたとき，$a^{[m,n]}$ によって生成される群である．

ここで第1同型定理によって

$$C_mC_n/C_n \cong C_m/(C_m \cap C_n)$$

となるが，左辺の位数は $\dfrac{[m,n]}{n}$，右辺の位数は $\dfrac{m}{(m,n)}$ となるから，

$$\frac{[m,n]}{n} = \frac{m}{(m,n)}$$

したがって，$(m,n)[m,n] = m \cdot n$ が得られた．

第2同型定理 群 G から $\overline{G}$ への上へ準同型写像 φ があるものとする．

$$\varphi(G) = \overline{G}$$

このとき，$\overline{G}$ の正規部分群 $\overline{H}$ があるとして，$\overline{H}$ に写される G の要素の全体を H とする．これを $H = \varphi^{-1}(\overline{H})$ で表わそう．このとき，H は G の正規部分群であり，

$$G/H \cong \overline{G}/\overline{H}$$

が成り立つ．

証明 まず H が G の正規部分群であることを示そう．H の任意の要素を h，G の任意の要素を x とし，xhx^{-1} は φ によっていかなる要素に写されるかを見よう．

$$\varphi(xhx^{-1}) = \varphi(x)\varphi(h)\varphi(x^{-1}) = \varphi(x)\varphi(h)\varphi(x)^{-1}$$

仮定によって $\varphi(h)$ は $\overline{H}$ の要素であり，$\overline{H}$ は正規部分群だから，これはまた $\overline{H}$ に属する．したがって，xhx^{-1} は H に属する．つまり H は G の正規部分群である．

G/H の 1 つの類 Ha_i は φ によって

$$\varphi(Ha_i) = \varphi(H)\varphi(a_i) = \overline{H}\varphi(a_i)$$

に写される．2 つの要素 a, b が $\overline{G}/\overline{H}$ の同じ類に写されるとしたら，

$$\varphi(a)\varphi(b)^{-1} \in \overline{H}$$
$$\varphi(ab^{-1}) \in \overline{H}$$

したがって $ab^{-1} \in H$，つまり a, b は G/H の同じ類に属する．したがって，φ による G/H から $\overline{G}/\overline{H}$ の対応は 1 対 1 である．しかもそれは

$$\varphi(ab) = \varphi(a)\varphi(b)$$

の条件から同型写像である．

§18. 抽象から具体へ

これまで述べてきた構造はどちらかというと抽象的な構成物であった．

前に述べた (p.24)，次のような3つの具体的な例から，その下のように抽象的な構造が抽出されるのであるが，ここでは"何が？"の問題はすべて捨象されて，抽象的で骸骨のような相互関係の網の目だけが残されたわけである．これは具体から抽象への発展方向である．

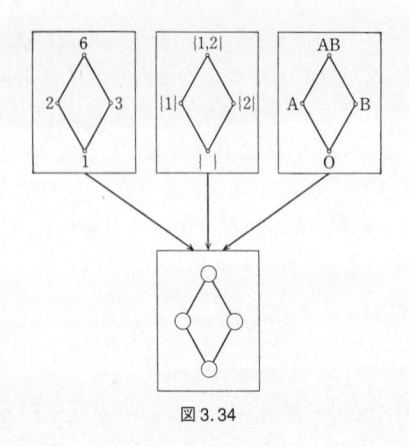

図 3.34

しかし，このようなものを現実からとり出して，この骸骨的な構造を研究することで数学の任務は終っているわけではない．

それとは逆に，抽象から具体へ，の志向もやはり強く存在する．

それは下から上への方向である．つまり骸骨的な構造の具体的な実例を探し求める努力である．それは抽象的構造の具体化であり，これを**表現**（représentation）とよんでいる．

もし，このような具体化への方向を数学が内包していなかったとしたら，それは抽象の高みにのぼって雲散霧消してしまっただろう．

抽象的構造はそれと同型な具体的な実例による表現によってはじめて生き生きととらえられ，そしてその真の意味が了解されることが多い．

換言すれば，構造についても，

　　　　　　　具体から抽象へ
　　　　　　　抽象から具体へ

という往復運動は常に行なわれているのである．

数学者は抽象的な構造を表現する具体的なモデルをできるだけ創り出して，それによって推論をすすめていこうとしている．現に，ここにあげた

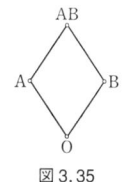

図 3.35

という図式そのものが，そのようなモデルなのである．
$y = f(x)$ という関数の特徴をもっともよく見るにはグラフという手段が有効である．これもひとつの表現という手段である．

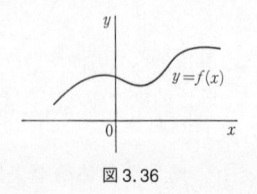

図 3.36

また，すでにのべた非ユークリッド幾何学のモデルもやはりひとつの表現にほかならない．

数学者がこのような具体化もしくは表現を好むのは，人間の思考が——もっとも抽象的だと考えられている数学的思考でさえ——意外に感性的な基礎をもっていることを示している．

§19. 群の表現

群は元来"はたらき"の集まりであるから抽象的で捉えにくいことが多い．そこでこれを具体的な例によって表現しようとする努力はたえず行なわれている．

そのような例として，たとえば行列による表現がある．S_3（p.73）では

$$\begin{pmatrix} 1 & 2 & 3 \\ 1 & 2 & 3 \end{pmatrix} \quad \begin{pmatrix} 1 & 2 & 3 \\ 2 & 3 & 1 \end{pmatrix} \quad \begin{pmatrix} 1 & 2 & 3 \\ 3 & 1 & 2 \end{pmatrix}$$

$$\downarrow \qquad\qquad \downarrow \qquad\qquad \downarrow$$

$$\begin{bmatrix} 1 & 0 \\ 0 & 1 \end{bmatrix} \quad \begin{bmatrix} 0 & 1 \\ -1 & -1 \end{bmatrix} \quad \begin{bmatrix} -1 & -1 \\ 1 & 0 \end{bmatrix}$$

$$\begin{pmatrix} 1 & 2 & 3 \\ 2 & 1 & 3 \end{pmatrix} \quad \begin{pmatrix} 1 & 2 & 3 \\ 3 & 2 & 1 \end{pmatrix} \quad \begin{pmatrix} 1 & 2 & 3 \\ 1 & 3 & 2 \end{pmatrix}$$

$$\downarrow \qquad\qquad \downarrow \qquad\qquad \downarrow$$

$$\begin{bmatrix} 0 & 1 \\ 1 & 0 \end{bmatrix} \quad \begin{bmatrix} -1 & -1 \\ 0 & 1 \end{bmatrix} \quad \begin{bmatrix} 1 & 0 \\ -1 & -1 \end{bmatrix}$$

このように対応させると,群の乗法は行列の乗法に移され,より具体的になる.行列の要素は数であるから計算の対象にすることができ,多くの手がかりを発見することができる.群を行列によって表現することはいわゆる表現論の仕事であるがここでは深入りすることは避けよう.

S_3 のように非可換な群を表現するにはどうしても非可換な乗法をもつ行列の助けをかりなければならないが,可換な群は単なる数——この場合は複素数——の乗法に移しかえることはできないだろうか.そのようにして生まれてきたのが**指標**である.

可換群 G の各要素 $a, b, \cdots$ を 0 でない複素数に写像する関数 $\chi(a)$ を考え,それが群を絶対値 1 の複素数の乗法群の中に準同型に写すとき,χ を **G の指標**という.

$$|\chi(a)| = 1, \quad \chi(ab) = \chi(a)\chi(b).$$

一般の有限可換群の指標について考える前に，まずその準備として，巡回群 C の指標を考えてみよう．

C の位数を n とし，その生成元を c としよう．
$$c^n = e.$$
単位元 e に対してはもちろん $\chi(e) = 1$ である．
$$\chi(c^n) = \chi(e) = 1$$
準同型性から
$$\chi(c^n) = \chi(c)^n = 1$$
したがって $\chi(c)$ は 1 の n 乗根でなければならない．そして $\chi(c)$ の値が定まると，他の要素 c^r に対する $\chi(c^r)$ は自動的に定まる．準同型の条件によって
$$\chi(c^r) = \chi(c)^r$$
だから G 全体にわたる指標は $\chi(c)$ によって一意的に定まる．

$e^{2\pi i/n} = \omega$ とおけば 1 の n 乗根はつぎの n 個である．
$$1, \omega, \omega^2, \cdots, \omega^{n-1}$$
したがって，指標の種類は n である．それをつぎつぎに
$$\chi_0(c) = 1, \ \chi_1(c) = \omega, \ \chi_2(c) = \omega^2, \ \cdots,$$
$$\chi_{n-1}(c) = \omega^{n-1}$$
と定義しよう．このとき，表にすると，つぎのページのようになっている．

もちろん $\chi(a)$ による対応は 1 対 1 とは限らず，多対 1 であることもある．極端な場合としては，すべての a に対して $\chi_0(a) = 1$ となるものもある．

指標＼群	e	c	c^2	$\cdots$	c^{n-1}
χ_0	1	1	1		1
χ_1	1	ω	ω^2		ω^{n-1}
$\vdots$					
χ_{n-1}	1	ω^{n-1}	$\omega^{2(n-1)}$		$\omega^{(n-1)^2}$

この n 個の指標のあいだに新しい乗法を定義してみよう．それは2つの指標 $\chi_i(a), \chi_k(a)$ を直接掛け合わせることである．

$$\chi_i(a)\chi_k(a) = f(a)$$

とすると，

$$\begin{aligned}f(a)f(b) &= \chi_i(a)\chi_k(a)\chi_i(b)\chi_k(b) \\ &= \chi_i(a)\chi_i(b)\chi_k(a)\chi_k(b) \\ &= \chi_i(ab)\chi_k(ab) = f(ab)\end{aligned}$$

すなわち

$$f(a)f(b) = f(ab)$$

$$|f(a)| = |\chi_i(a)\chi_k(a)| = |\chi_i(a)||\chi_k(a)| = 1$$

だからこの $f(a)$ もやはり1つの指標である．

また $\chi_i(a)^{-1}$ もやはり指標の条件を満足するから

$$\chi_0(a), \chi_1(a), \cdots, \chi_{n-1}(a)$$

は上のような乗法に対して群をつくる．これを C の**指標群**といい，$\overline{C}$ で表わす．$\overline{G}$ のなかで $\chi_r(c) = \omega^r$ という指標と，G のなかの c^r を対応させると，

$$\chi_r(c) \longrightarrow c^r$$
$$\chi_s(c) \longrightarrow c^s$$
から
$$\chi_r(c)\chi_s(c) = \omega^r\omega^s = \omega^{r+s} = \chi_{r+s}(c) \longrightarrow c^{r+s}$$
であるから $\overline{G}$ と G とは同型であることがわかる.

定理22 有限巡回群 C とその指標群 $\overline{C}$ とは同型である.

これを一般の有限可換群に拡張してみよう.

定理18によって, 有限可換群 G は巡回群の直積である.
$$G = C_1 \times C_2 \times \cdots \times C_m$$
ここで $C_1, C_2, \cdots, C_m$ の生成元を $c_1, c_2, \cdots, c_m$ とすると, G の指標 χ は $\chi(c_1), \chi(c_2), \cdots, \chi(c_m)$ の値によって定まる. なぜなら, G の任意の要素は1通りに
$$c_1^{\alpha_1} c_2^{\alpha_2} \cdots c_m^{\alpha_m}$$
という形に表わされて,
$$\chi(c_1^{\alpha_1} c_2^{\alpha_2} \cdots c_m^{\alpha_m}) = \chi(c_1)^{\alpha_1} \chi(c_2)^{\alpha_2} \cdots \chi(c_m)^{\alpha_m}$$
となるからである.

$C_1, C_2, \cdots, C_m$ の位数をそれぞれ $n_1, n_2, \cdots, n_m$ とし
$$\omega_1 = e^{2\pi i/n_1},\ \omega_2 = e^{2\pi i/n_2},\ \cdots,\ \omega_m = e^{2\pi i/n_m}$$
としよう. このとき
$$\chi(c_1) = \omega_1^{\beta_1}, \chi(c_2) = \omega_2^{\beta_2}, \cdots, \chi(c_m) = \omega_m^{\beta_m}$$
となるような指標と, G の $c_1^{\beta_1} c_2^{\beta_2} \cdots c_m^{\beta_m}$ となる要素を対応させると,
$$\chi'(c_1) = \omega_1^{\beta_1'}, \chi'(c_2) = \omega_2^{\beta_2'}, \cdots, \chi'(c_m) = \omega_m^{\beta_m'}$$

には $c_1{}^{\beta_1'}, c_2{}^{\beta_2'}, \cdots, c_m{}^{\beta_m'}$ が対応し，$\chi\chi'$ には

$$\chi(c_1)\chi'(c_1) = \omega_1{}^{\beta_1+\beta_1'}, \ \chi(c_2)\chi'(c_2) = \omega_2{}^{\beta_2+\beta_2'}, \cdots,$$
$$\chi(c_m)\chi'(c_m) = \omega_m{}^{\beta_m+\beta_m'}$$

だから，これは

$$c_1{}^{\beta_1+\beta_1'} c_2{}^{\beta_2+\beta_2'} \cdots c_m{}^{\beta_m+\beta_m'}$$
$$= (c_1{}^{\beta_1} c_2{}^{\beta_2} \cdots c_m{}^{\beta_m})(c_1{}^{\beta_1'} c_2{}^{\beta_2'} \cdots c_m{}^{\beta_m'})$$

に対応することになって，同型対応であることがわかる．

すなわち，つぎの定理が得られた．

定理 23 有限可換群 G とその指標群 $\overline{G}$ は同型である．

この定理にはもちろん "有限" という条件が強く利いている．では無限群についてはどうであろうか．この定理はそのままの形ではもちろん成立しない．しかし似たことは成り立たないだろうか．

たとえば整数の加法の群を考えてみよう．

$$Z = \{\cdots, -2, -1, 0, +1, +2, \cdots\}$$

この群の指標はその生成元 1 に対する $\chi(1)$ によって定まる．なぜなら

$$\chi(n) = \chi(1)^n$$

となるからである．しかし，1 は足していってもとに帰ったりはしないから $\chi(c)$ には何の制限もなく，絶対値 1 のいかなる複素数であってもよい．だから $\overline{G}$ は原点を中心とする半径 1 の円周と考えてよい．

こんどは $\overline{G}$ の指標を考えてみよう．$\overline{G}$ の上の点 $e^{i\theta}$ に対する $\chi(e^{i\theta})$ の値は準同型の条件から

$$\chi(e^{i\theta}) = e^{i\alpha\theta}$$

という形をとっている. ここで $\theta=2\pi$ では $e^{2\pi i}=1$ だから,

$$\chi(e^{2\pi i}) = e^{2\pi\alpha i} = 1$$

となる. そのためには $\alpha=n$ (整数) とならねばならぬ.

このような指標を χ_n とすると

$$\chi_m(e^{i\theta})\chi_n(e^{i\theta}) = e^{im\theta} \cdot e^{in\theta} = e^{i(m+n)\theta}$$
$$= \chi_{m+n}(e^{i\theta})$$

だから $\overline{G}$ の乗法は G の加法と同型である.

だから $\overline{G}$ の指標群 $\overline{\overline{G}}$ は G と同型になる.

以上の説明には群 $G, \overline{G}$ の位相を考えないという点で厳密ではなかったが位相を考えに入れると, G と $\overline{\overline{G}}$ との同型が証明できる.

一般に, ある種の条件を満足する位相群については G と $\overline{\overline{G}}$ が同型であることが証明された. それが可換位相群の"双対定理"といわれるものである.

第3章 練習問題

1. 正4面体を自分自身の上に重ねる回転全体のつくる群の位数を定めよ.

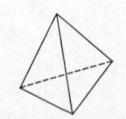

図3.37 正4面体

2. 立方体と正8面体を自分自身の上に重ねる回転全体のつくる群の位数を定め，それらが互いに同型であることを確かめよ．

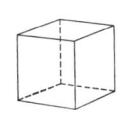

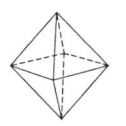

図3.38 立方体　　　図3.39 正8面体

3. 正12面体と正20面体を自分自身の上に重ねる回転全体のつくる群の位数を定め，それらが互いに同型であることを確かめよ．また，その群が単純であることを証明せよ．

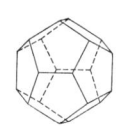

図3.40 正12面体　　　図3.41 正20面体

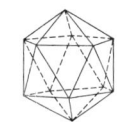

4. 位数4の群はいかなる群か．
5. 位数6の群はいかなる群か．

第4章　環と体

§1. 自然数から整数へ

どのように数学が苦手であると思っている人でも，おそらく自然数について知らない人はあるまい．

$$1, 2, 3, 4, \cdots$$

それは1をつぎつぎに加えていった数であり，しかも限りなく大きくなり得る，ということである．この自然数は人類の数学的思考のはじまりであった．自然数にはさまざまな名前がつけられ，そのために2進法，5進法，10進法などが工夫され，それは人類の言語文化の重要な部分をなしてきた．

ここでは，そのようなことをひとまず棚上げにして，自然数の本来の姿にかえって，そこから再出発してみよう．自然数とは何か，とくに自然数全体の集合 N とは何か，それについてはつぎのような条件を考える．これをペアノの公理と名づける．

1. N は1を含む

ここでいう1とは，単なる名称にすぎない．だから，それは1と名づけられたあるもの，というだけの意味である．

2. N の各要素 a に対しては N のただ1つの要素 $\varphi(a)$ が対応し,これを a の後続者と名づける.$\varphi(a)$ を a^+ と書くことにする.

3. 1は他のいかなる要素の後続者(後者ともいう)にもならない.

4. $a^+=b^+$ ならば $a=b$

以上のことをまとめると N のなかには1対1写像 $\varphi(a)$ が存在し,$\varphi(a)=1$ となる a は存在しないということである.

5. N のなかに1を含み,a とともに $\varphi(a)$ を含む集合が含まれていたら,それは N と一致する.

これは数学的帰納法の原理でもある.それは a を含んだある命題が $a=1$ に対して正しく,また a に対して正しければ a^+ にも正しいとすると,それはすべての N の要素に対して正しい,ということである.

N が以上の 1, 2, 3, 4, 5 の条件を満足すればそれはわれわれの知っている自然数の集合と一致することがわかる.そのためには自然数についてのいろいろの知識は一切必要でない.

ここで,1つの例をあげよう.

ある人々の集団があって,会合を催したとしよう.そのとき,すべての人々が1回だけ何かをしゃべることになった.そのときしゃべる順序はあらかじめ定めないで,いちどしゃべった人がつぎの人を指名していくことにした.

§1. 自然数から整数へ

誰でも1回しゃべるとつぎの人を指名する権利を得たものと定める．そしてある人が皮切にしゃべった．この人だけは指名を受けてしゃべったのではなかった．ただ始める人がいないと会は始まらないからである．

このようにつぎつぎに指名していってすべての人がしゃべり終ったのである．

このとき a が指名した人，a^+ がペアノの公理における"後続者"に相当するつぎの人である．ここで注意しておきたいことは $1, 2, 3, \cdots$ という数は1つも表面にはでてこないでもすんだということである．

この5つの公理を手がかりにしてこれまで知られている自然数のすべての性質を導き出すことができるのである．

和　N の任意の2要素 x, y に対して
（1）　x^+ を $x+1$ と定義する．
（2）　$(x+y)^+$ を $x+y^+$ と定める．
まず結合法則 $(x+y)+z = x+(y+z)$ を証明しよう．
$z = 1$ のときは
$$(x+y)+1 = (x+y)^+$$
$$x+(y+1) = x+y^+$$
したがって（2）によって
$$(x+y)+1 = x+(y+1)$$
つぎに $(x+y)+z = x+(y+z)$ は正しいとして，z^+ に対しても正しいことを証明しよう．

$$(x+y)+z^+ = \{(x+y)+z\}^+$$
$$= \{x+(y+z)\}^+$$
$$= x+(y+z)^+$$
$$= x+(y+z^+)$$

したがって z^+ に対しても正しい．だから **5** によってすべての N に属する z に対して正しい．

交換法則 $x+y=y+x$ については：
まず $x=1$ とすべての y について成り立つことを証明しよう．

$y=1$ のときは $1+1=1+1$ で正しい．

y に対して正しかったら
$$1+y = y+1$$
$$(1+y)^+ = 1+y^+$$
$$(y+1)^+ = y+1^+ = y+(1+1)$$
（結合法則が成り立つから）
$$= (y+1)+1 = y^++1$$

すなわち y^+ に対しても成り立つことがわかった．だから **5** によってすべての y に対して成り立つことが結論できる．

つぎに x について成り立つとしよう．
$$x+y = y+x$$

$^+$ をとると
$$(y+x)^+ = y+x^+$$
$$(x+y)^+ = x+y^+ = x+(y+1)$$
（$1+y = y+1$ は証明ずみだから）

$$= x+(1+y)$$
（結合法則により）
$$= (x+1)+y = x^+ +y$$
すなわち x^+ に対しても成り立つことがわかった．

だから **5** によってすべての x に対して成り立つことがわかった．

この交換法則の証明は結合法則より困難であったのはなぜか．結合法則の場合，加法の定義 $(x+y)^+ = x+y^+$ が $(x+y)+1 = x+(y+1)$ となって $z=1$ のときの結合法則そのものだからやさしい．しかし交換法則のむずかしいのはペアノの公理のもつ性格そのものからもきている．元来ペアノの公理は1からつぎつぎに後続者をつくっていくのだから，それは順序数的な考え方である．順序数と考えると，小学校の算数でも $5+3=3+5$ となることの説明はむずかしいのである．

消去法則：$x+z = y+z$ のとき $x=y$ となる．

まず $z=1$ のときは
$$x+1 = x^+$$
$$y+1 = y^+$$
$x^+ = y^+$ ならば **4** によって
$$x = y.$$

z に対して成り立つと仮定して z^+ についても成り立つことを証明しよう．
$$x+z^+ = (x+z)^+$$
$$y+z^+ = (y+z)^+$$

$x+z^+ = y+z^+$ ならば
$$(x+z)^+ = (y+z)^+$$
4によって
$$x+z = y+z$$
仮定によって
$$x = y.$$
だからすべての z に対して成り立つ．また $z+x = z+y$ ならば加法の交換法則によって，$x+z = y+z$．したがって $x = y$．

積 $x \cdot y$ はつぎのように定義する．
$$x \cdot 1 = x$$
$$x \cdot y^+ = xy + x.$$

分配法則 $(x+y)z = xz+yz$ を証明しよう．

$z = 1$ のときは
$$(x+y) \cdot 1 = x+y = x \cdot 1 + y \cdot 1$$
となり正しいことがわかる．

つぎに z について正しいと仮定して，z^+ に対して正しいことを証明しよう．

$(x+y)z^+ = (x+y)z + (x+y)$
  (z に対して正しいから)
  $= (xz+yz) + (x+y)$
  (加法の結合法則と交換法則によって)
  $= (xz+x) + (yz+y) = x \cdot z^+ + yz^+$

すなわち，z^+ に対しても正しい．

交換法則：$xy = yx$.

まず $y=1$ に対して $x \cdot 1 = 1 \cdot x$ を証明しよう．

$x=1$ のときは $1 \cdot 1 = 1 \cdot 1$ で正しい．

x に対して正しいとすれば x^+ については，
$$1 \cdot x^+ = 1 \cdot x + 1 = x \cdot 1 + 1 = x + 1$$
$$= x^+ = x^+ \cdot 1$$

したがって，すべての x に対して $1 \cdot x = x \cdot 1$ が成立する．

y に対して $x \cdot y = y \cdot x$ が成り立つと仮定しよう．
$$y^+ x = (y+1)x$$

　　　（分配法則によって）
$$= y \cdot x + x = x \cdot y + x = xy^+$$

したがってすべての y に対して成り立つ．

交換法則が成り立つから
$$x(y+z) = (y+z)x = yx + zx = xy + xz$$

したがって，$x(y+z) = xy + xz$ も成り立つ．

結合法則：$(xy)z = x(yz)$

$z=1$ のときは
$$(xy) \cdot 1 = xy = x(y \cdot 1)$$

で成り立つ．z に対して成り立つとすれば，z^+ に対しては
$$(xy)z^+ = (xy)z + xy = x(yz) + xy$$

　　　（分配法則によって）
$$= x(yz + y) = x(yz^+)$$

したがって．すべての z に対して成り立つ．

大小 任意の要素 x, y は

$x = y + u$　　これを $x > y$ と書く

$x = y$

$x + u = y$　　これを $x < y$ と書く

のいずれかの関係が成り立つ．

　$x = 1$ のときは
$$y = 1$$
か，そうでなかったら
$$y = u^+ = u + 1 = 1 + u$$
となるから正しい．

　x について正しいと仮定して，x^+ に対しても正しいことを証明しよう．

　$x > y$ ならば $x = y + u$ のときは $x^+ = y + u^+$，したがって $x^+ > y$.

　$x = y$ ならば $x^+ = y^+ = y + 1$. したがって $x^+ > y$.

　$x < y$ ならば $x + u = y$

　だから $u = 1$ ならば
$$x^+ = y.$$
　$u \neq 1$ ならば
$$u = v^+$$
$$x + v^+ = y$$
$$(x + v)^+ = y$$
$$v + x^+ = y$$
$$x^+ + v = y$$
したがって $x^+ < y$ つまり x^+ に対しても正しい．

§1. 自然数から整数へ

推移律：(1) $x<y, y<z$ ならば $x<z$
$$z = y+u$$
$$y = x+v$$
だから $z=(x+v)+u$
加法の結合法則によって，
$$z = x+(u+v)$$
だから
$$x < z.$$

(2) $x<y$ ならば $x+z<y+z$

$x<y$ なら，$y=x+u$
$$y+z = (x+u)+z = x+(u+z) = x+(z+u)$$
$$= (x+z)+u$$
したがって
$$x+z < y+z.$$

(3) $x<y$ ならば $xz<yz$

$x<y$ ならば $y=x+u$
$$yz = (x+u)z = xz+uz$$
したがって
$$xz < yz.$$

(4) $xz<yz$ ならば $x<y$

$x=y$ ならば $xz=yz$．$x>y$ ならば $xz>yz$．
だから $x<y$ でなければならない．

乗法の消去法則：$xz=yz$ なら $x=y$．

$x<y$ なら $xz<yz$．$x>y$ なら $xz>yz$．
だからどうしても $x=y$ でなければならない．

減法の一意性：$x<y$ のとき $y=x+u$ と書けるが，このような u を $y-x$ と書くことにする．

このような u はただ 1 通りに定まる．
$$y = x+u$$
$$y = x+u'$$
とすれば
$$x+u = x+u'$$
加法の消去法則によって
$$u = u'$$
だからそのような u はただ 1 通りに定まる．

以上でペアノの公理 1〜5 だけを繰り返し使用することによって，加法，減法，大小に関する自然数の諸法則を証明してみせることができた．

ここでは 1〜5 以外のことは何 1 つ援用しなかったことを強調しておきたい．

これまでの自然数との関係をしいてつけようとすれば 1 から後続者を何回つくったかによって $1,2,3,\cdots$ が対応することになる．

$$1 = 1$$
$$1^+ = 2$$
$$1^{++} = 3$$
$$\cdots\cdots$$

§2. 整数の構成

自然数 N の諸法則が証明されて，その構造が明らかに

なったので，これを整数 Z まで拡張してみよう．そのさい，0 および負数はこれまでは数直線を左に延長する等の手段によって説明されてきた．

しかし，ここではあくまで N の範囲内だけで，換言すれば N の要素だけを材料に使って，Z を組立ててみることにしよう．つまり N から Z を構成するのである．

まず N の2つの要素 a,b の組 $[a,b]$ を考える．つまりこれは N の要素を成分とする2次元のベクトルと考えてもよい．このようなベクトル全体の集合を N^2 で表わす．

この N^2 のなかにつぎのような2項関係を導入する．

N^2 の2つの要素 $[a,b], [c,d]$ は
$$a+d=b+c$$
のとき，
$$[a,b] \sim [c,d]$$
と定義する．

まずこの2項関係は同値律を満足することを証明しよう．

反射律：$a+b=b+a$ だから，
$$[a,b] \sim [a,b].$$

対称律：$[a,b] \sim [c,d]$ ならば $a+d=b+c$.
したがって
$$b+c=a+d, \ c+b=d+a.$$
だから
$$[c,d] \sim [a,b].$$

推移律：$[a,b] \sim [c,d]$, $[c,d] \sim [e,f]$ なら
$$a+d = b+c$$
両辺に f を加えると
$$a+d+f = b+c+f$$
$$([c,d] \sim [e,f] \text{ だから } c+f = d+e)$$
$$= b+d+e$$
したがって
$$(a+f)+d = (b+e)+d$$
加法の消去法によって
$$a+f = b+e$$
だから
$$[a,b] \sim [e,f].$$

以上で反射的，対称的，推移的という同値が成り立つことがわかったので N^2 は同値の要素の類に分かれることがわかった．

ここでその N^2 に加法を導入してみよう．
$$[a,b] + [c,d] = [a+c, b+d]$$
と定義する．ここで
$$[a,b] \sim [a',b']$$
$$[c,d] \sim [c',d']$$
のとき
$$[a,b]+[c,d] \sim [a',b']+[c',d']$$
となることを証明しよう．そのためには
$$[a+c, b+d] \sim [a'+c', b'+d']$$
を証明すればよい．

§2. 整数の構成

$$(a+c)+(b'+d') = (a+b')+(c+d')$$

$$\begin{pmatrix} [a,b] \sim [a',b'] \text{ だから } a+b' = a'+b, \\ [c,d] \sim [c',d'] \text{ だから } c+d' = c'+d \\ \text{となる．これを代入すると，} \end{pmatrix}$$

$$= (a'+b)+(c'+d) = (a'+c')+(b+d)$$

だから

$$[a+c, b+d] \sim [a'+c', b'+d']$$
$$[a,b]+[c,d] \sim [a',b']+[c',d']$$

したがって，加法において同じ類のもので置き換えても和の属する類は同じになる．

ここで加法の諸法則を確かめていこう．

交換法則：

$$\begin{aligned}[a,b]+[c,d] &= [a+c, b+d] \\ &= [c+a, d+b] \\ &= [c,d]+[a,b]\end{aligned}$$

結合法則：

$$\begin{aligned}[[a,b]+[c,d]]&+[e,f] \\ &= [a+c, b+d]+[e,f] \\ &= [[a+c]+e, [b+d]+f] \\ &= [a+[c+e], b+[d+f]] \\ &= [a,b]+[c+e, d+f] \\ &= [a,b]+[[c,d]+[e,f]]\end{aligned}$$

§3. 0の存在

$[c,c]$ は 0 と同じ役割を演ずる.
$$[a,b]+[c,c] = [a+c,b+c]$$
ここで
$$a+(b+c) = a+(c+b) = (a+c)+b$$
したがって
$$[a,b] \sim [a+c,b+c]$$
だから $[c,c]$ は加えても同じ類の中をかえるだけで，類はかえない．だから，これは 0 と同じである．
$$[a,b]+[b,a] = [a+b,b+a] = [a+b,a+b]$$
つまり，これは 0 であるから $[b,a]$ は $[a,b]$ の反要素（符号をかえた）に相当する．だから
$$[b,a] = -[a,b]$$
と書いてもよいだろう．

またそのような反要素は $[a,b]$ から 1 通りに定まることもわかる．
$$[a,b]+[c,d] = [a+c,b+d]$$
で $a+c=b+d$ だから，$c=b, d=a$ とおけばよい．

つまり，このようにして定めた $[a,b]$ は加法について群をつくることがわかったのである．

つぎに大小についてのべよう．
$$b+c < a+d$$
のとき，
$$[a,b] < [c,d]$$
と定義すると，任意の 2 つの要素 $[a,b]$ と $[c,d]$ とのあ

いだには $b+c$ と $a+d$ との大小を比較すると，それにつれて

$$[a,b] < [c,d]$$
$$[a,b] = [c,d]$$
$$[a,b] > [c,d]$$

の3つの場合のどれかになることが明らかである．

ここで大小関係の推移律を証明しよう．

$[a,b] < [c,d]$, $[c,d] < [e,f]$ のとき，$[a,b] < [e,f]$ となることを証明する．$a+f$ と $b+e$ との大小を比較するのであるが，

$$(b+e)+c = b+c+e = (b+c)+e < (a+d)+e$$
$$= a+(d+e) < a+(c+f)$$
$$= (a+f)+c$$

したがって大小関係の規則で，

$$b+e < a+f$$

だから

$$[a,b] < [e,f]$$

このようなものを Z' で表わしてみよう．その Z' は大小の順序をもつことがわかる．

以上のような論法は N の数とそのあいだの加法だけを利用していて，減法はどこにも現われてこない．

その点からみると，一見，これは現実とは何のかかわり合いもなく進行しているかのようである．

しかし勘のいい読者はこのような論法の背後に，つぎの

ような手品の種がかくされていることに気づいただろう.

N を直線上にならべると

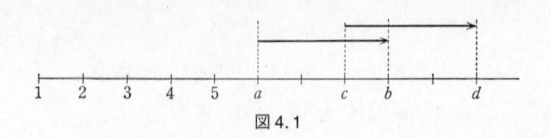

図 4.1

このとき, $[a,b]$ とは a から b に向かうベクトルとみなしたらどうであろうか. このベクトルは $a+d=b+c$ となるように $[c,d]$ に移動したとしたら, ベクトルとしては同一とみなしてよいだろう. だから, そのときは

$$[a,b] \sim [c,d]$$

と定めるのである.

$a<b$ のときはベクトルは左から右に向いているが, $a>b$ ならば右から左に向く.

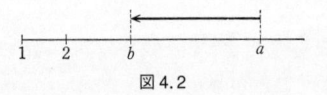

図 4.2

また $a=b$ ならばベクトルの長さは 0 であり, これがベクトルの 0 に当たる. だから, $a=b$ のときを新しい 0, $a>b$ のときを新しいマイナスとみることもできるのである.

以上のように考えると 0 や負数が自然と導入されたことになる. しかし, もとの N はどうであろうか.

今のところ, この新しく構成されたものと, N とは何のかかわり合いもない.

つぎに Z' と N とを関係づけてみよう.

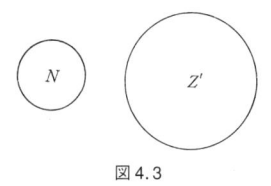

図 4.3

そのために N の要素 a と $[c, c+a]$ という Z' の要素を対応させるのである. ここで c は任意の N の要素である. c がいかなるものであっても $[c, c+a]$ は同じ類に属することは明らかである.

$$a \longrightarrow [c, c+a]$$
$$b \longrightarrow [c', c'+b]$$

のとき,

$$[c, c+a] + [c', c'+b] = [c+c', c+c'+a+b]$$

これは, $a+b$ に対応する Z の要素である.

だからこの対応は N から Z' の部分集合 N' への同型対応であることがわかった. すなわち Z' のなかには N と同型な部分集合 N' が含まれていることが明らかになった.

図4.4

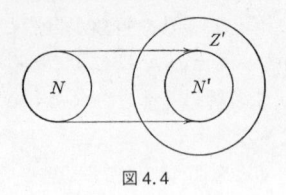

　もし N' を N そのものとみなせば Z' は $+, -, \times$ をもつ整数の集合と同型だから，N を拡大して Z がつくられたものとみてもよいだろう．

§4. 乗法の定義
　以上は加法であったが Z のなかに乗法を定義するにはどうしたらいいだろうか．
$$[a, b] \cdot [c, d]$$
について考えてみよう．$a < b,\ c < d$ のときはそれらは N のなかの $b-a, d-c$ に対応する．
$$\begin{aligned}(b-a)(d-c) &= bd + ac - ad - bc \\ &= (bd+ac) - (ad+bc)\end{aligned}$$
となるからこれは N^2 のなかの $[ad+bc, bd+ac]$ となるわけである．このことから
$$[a, b][c, d] = [ad+bc, bd+ac]$$
と定義したらうまくいきそうである．

　この定義にしたがって乗法の諸性質を導き出すことができるだろう．試みにそのうちの二, 三の性質を導き出してみることにする．

あらかじめ断っておくが，以下の叙述は煩雑を極めるであろう．しかしそれを読者に覚えてもらうために，のべるのではない．それはこの方法がいかに煩雑であり，読者を見透しのない迷路にひき込んでしまうかを体験してもらうためである．

まず，加法の場合と同じく，$[a,b] \sim [a',b'], [c,d] \sim [c',d']$ のとき，
$$[a,b][c,d] \sim [a',b'][c',d']$$
となることを証明しよう．
$$[a,b][c,d] = [ad+bc, ac+bd]$$
$$[a,b][c',d'] = [ad'+bc', ac'+bd']$$

ここで $(ad+bc)+(ac'+bd')$ と $(ac+bd)+(ad'+bc')$ とを比較してみよう．

$$(ad+bc)+(ac'+bd') = ad+bc+ac'+bd'$$
$$= a(d+c')+b(c+d')$$
$$([c,d] \sim [c',d'] \text{ だから } c+d' = d+c')$$
$$= a(c+d')+b(c'+d)$$
$$= ac+bd+ad'+bc'$$

だから
$$[a,b][c,d] \sim [a,b][c',d']$$
また $[a,b] \sim [a',b']$ のときは同様に
$$[a,b][c',d'] \sim [a',b'][c',d']$$
$\sim$ は推移的だから
$$[a,b][c,d] \sim [a',b'][c',d'].$$

まず，0をかけると0になることを証明してみよう．

$$[a,b][c,c] = [ac+bc, bc+ac] = [ac+bc, ac+bc]$$

つまり右辺は2つの成分が等しいから0に相当する.

また,$[a,b][c,d]$ と $[a,b][d,c]$ を比較してみよう.

$$[a,b][c,d] = [ad+bc, ac+bd]$$
$$[a,b][d,c] = [ac+bd, ad+bc]$$

2つを比較すると,順序が入れかわっているから

$$x(-y) = -(xy)$$

の規則に相当する.

交換法則は

$$[a,b][c,d] = [ad+bc, ac+bd]$$
$$[c,d][a,b] = [cb+da, ca+db]$$
$$= [ad+bc, ac+bd]$$

だから

$$[a,b][c,d] = [c,d][a,b]$$

結合法則:

$([a,b][c,d]) \cdot [e,f]$
$= [ad+bc, ac+bd] \cdot [e,f]$
$= [(ad+bc)f+(ac+bd)e, (ad+bc)e+(ac+bd)f]$
$= [adf+bcf+ace+bde, ade+bce+acf+bdf]$.

$[a,b]([c,d] \cdot [e,f])$
$= [a,b][cf+de, ce+df]$
$= [a(ce+df)+b(cf+de), a(cf+de)+b(ce+df)]$
$= [ace+adf+bcf+bde, acf+ade+bce+bdf]$

この2つの結果を比較するのも容易ではないが,煩雑を

いとわず，ひとつひとつの項を点検してみると，確かに等しいことがわかる．だから

$$([a,b][c,d])\cdot[e,f] = [a,b]([c,d]\cdot[e,f])$$

が証明された．

この辺まで述べてみると，この行き方の煩雑さは十分体験できたと思うので，後は省略することにしよう．

§5. 2つの方法の比較

ここまで述べた方法は，N 以外の新しい数を考えることをあくまで拒否し，ただ N の数の組を考えることによって0や負数に相当するものを創り出していこうとする立場である．

この考えをもっとも徹底的に打ち出したのはクロネッカーであった．彼の有名な言葉がある．

「わが愛する神は整数（自然数）を創り給うた．他の数はすべて人間の創ったものだ．」

彼は N 以外の数を考えることを拒んで，2つの数の組 (a,b) をもって0や負数に代用させたが，その煩雑はすでに見てきたとおりである．

$$(a, a+u) \longrightarrow u$$
$$(a+u, a) \longrightarrow -u$$
$$(a, a) \longrightarrow 0$$

というように1つの数で置き換えることによってわれわれの思考は格段に簡潔になってきたことは，誰しも認めざるを得ないであろう．

自然数 N から整数 Z を創り出すにも，クロネッカーの流儀によるとこれほどの煩雑が生じたが，さらに進んで，分数，有理数等を考えるようになるとその煩雑さはほとんど堪えがたいものになってくる．

整数から有理数をつくるには，後でのべるような商体をつくるという方法が用いられるが，それは，また (整数, 整数) という形の 2 つの整数の組によって定義されるのである．

この整数は 2 つの自然数によって定まるものとすれば有理数は ((自然数, 自然数), (自然数, 自然数)) という形によって定まる．つまり一般の有理数は 4 個の自然数の組によって定められることになる．これを計算することはほとんど絶望的な煩雑さを引き起こすだろう．

クロネッカーは神の創り給うた自然数に執着したために，たとえば π のような無理数に市民権を認めなかった．

だが，彼が自己の信条にあくまで忠実であったか，というと必ずしもそうではない．彼の数多い論文のなかには微分や積分に関するものが少なくない．ところが，微分も積分も実数の連続性を認めないかぎり意味のないものであるから，彼の主張は矛盾しているともいえる．

このことをポアンカレは揶揄的に述べている．

「クロネッカーが偉大な数学者であり得たのは，彼が自分の主張に忠実でなかったからだ．」

§6. 環の定義

ここでもういちど整数全体の集合
$$Z = \{\cdots, -3, -2, -1, 0, +1, +2, +3, \cdots\}$$
に立ちかえってみよう．

この Z には 2 種類の結合，すなわち + (加法) と × (乗法) が定義されている．これについて考えてみよう．

まず，加法については明らかに可換群をなしている．

式で書くと，
$$a+b = b+a \quad \text{(交換法則)}$$
$$(a+b)+c = a+(b+c) \quad \text{(結合法則)}$$
a に対してはただ 1 つの逆元 $-a$ が存在している．

単位元は 0 で表わされる．

乗法については
$$ab = ba \quad \text{(交換法則)}$$
$$(ab)c = a(bc) \quad \text{(結合法則)}$$
$$a(b+c) = ab+ac \quad \text{(分配法則)}$$
Z はこの他にたとえば $a \neq 0$ のとき，
$$ab = ac$$
から，$b=c$ が導かれる．

などの性質をもっているが，それはここでは無視して，つぎのような性質のみをとり出して，それを環の定義としよう．

環の定義 つぎのような 2 種類の結合 $+, \times$ をもつ集合 R を環と名づける．

1. ＋については可換群をなす．すなわち，
$$a+b = b+a$$
$$(a+b)+c = a+(b+c)$$
単位元を 0 で表わす．すなわち，任意の a に対して
$$a+0 = a$$
a の逆元を $-a$ で表わす．
$$a+(-a) = 0$$
2. ×については結合法則が成り立つ．
$$(ab)c = a(bc)$$
3. ＋と×とのあいだには分配法則が成り立つ．
$$a(b+c) = ab+ac$$
$$(b+c)a = ba+ca$$

以上の条件を満足する R を環という．

乗法の交換法則 $ab=ba$ は成り立つとは限らない．とくに乗法の交換法則の成り立つような環を**可換環**とよぶ．

実例 このような条件を満たす環の実例をあげてみよう．

（1） その実例の1つとしてはもちろん整数のつくる環がある．
$$z = \{\cdots, -2, -1, 0, +1, +2, \cdots\}$$
これはもっともありふれた環の1つである．

（2） 有理数全体 P もやはり ＋, × について環をつくる．しかも，このときは，0以外の要素は × について群をつくる．換言すれば0以外の要素はすべて乗法の逆をもつ．

(3) R を任意の環としたとき，R の要素を係数とする多項式の全体
$$a_0x^n + a_1x^{n-1} + \cdots + a_{n-1}x + a_n$$
は多項式の加法と乗法について環をつくる．このような環を不定元 x をもつ**多項式環**といい，$R[x]$ で表わす．

この多項式環はいわゆる代数幾何学の重要な研究課題である．

(4) 環 R の要素を行列の要素とする n 次の正方形行列
$$\begin{pmatrix} a_{11} & a_{12} & \cdots & a_{1n} \\ a_{21} & a_{22} & \cdots & a_{2n} \\ \vdots & \vdots & \vdots & \vdots \\ a_{n1} & a_{n2} & \cdots & a_{nn} \end{pmatrix}$$
は行列の加法と乗法について環をつくる．このような環を**行列環**という．

(5) 加群の**準同型環**とよぶものがある．

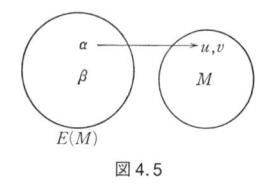

図 4.5

加群 M（もちろん可換である）を M の中に同型に写す写像を α とする．α は M の要素 u を αu に写すものとし

て，M の 2 つの要素に対して
$$\alpha(u+v) = \alpha u + \alpha v$$
なる条件を満足する α は M の内部の準同型を与えている．このような準同型の全体を $E(M)$ とすると，$E(M)$ はつぎのような $+$, $\times$ の定義によって，環をつくる．

加法は
$$(\alpha+\beta)u = \alpha u + \beta u$$
と定義する．

このとき，
$$\begin{aligned}(\alpha+\beta)(u+v) &= \alpha(u+v)+\beta(u+v) \\ &= (\alpha u+\alpha v)+(\beta u+\beta v) \\ &= (\alpha+\beta)u+(\alpha+\beta)v\end{aligned}$$
したがってこのように定義された $\alpha+\beta$ はやはり $E(M)$ に属する．

乗法は
$$\alpha\beta(u) = \alpha(\beta(u))$$
と定義する．
$$\begin{aligned}\alpha\beta(u+v) &= \alpha(\beta(u+v)) = \alpha(\beta u+\beta v) \\ &= \alpha(\beta(u))+\alpha(\beta(v)) \\ &= \alpha\beta(u)+\alpha\beta(v)\end{aligned}$$
だから $\alpha\beta$ もやはり $E(M)$ に属する．

$E(M)$ のなかにはすべての u を 0 に写すもの ϕ も含まれる．すなわち，
$$\phi(u+v) = 0, \ \phi(u) = 0, \ \phi(v) = 0 \text{ だから}$$
$$\phi(u+v) = \phi(u)+\phi(v)$$

が成立し，ϕ は $E(M)$ に含まれる．

だからこのような ϕ を 0 で表わすと，これは明らかに
$$\alpha + \phi = \alpha$$
を満足する．

また
$$(-\alpha)(u) = -\alpha(u)$$
なる $-\alpha$ を考えると
$$\alpha + (-\alpha) = 0$$
となることは明らかである．

また
$$(\alpha+\beta)(u) = \alpha(u)+\beta(u) = \beta(u)+\alpha(u)$$
$$= (\beta+\alpha)(u)$$
であるから
$$\alpha+\beta = \beta+\alpha$$
同じく
$$(\alpha+\beta)+\gamma = \alpha+(\beta+\gamma)$$
も明らかであるから，したがって $E(M)$ はこのような加法について加群をなすことは明らかである．

乗法については
$$(\alpha\beta)\gamma(u) = \alpha(\beta(\gamma(u)))$$
$$\alpha(\beta\gamma(u)) = \alpha(\beta(\gamma(u)))$$
であるから
$$(\alpha\beta)\gamma = \alpha(\beta\gamma)$$
すなわち，結合法則を満足する．

また

$$\alpha(\beta+\gamma)(u) = \alpha(\beta(u)+\gamma(u)) = \alpha(\beta(u))+\alpha(\gamma(u))$$
$$= \alpha\beta(u)+\alpha\gamma(u) = (\alpha\beta+\alpha\gamma)(u)$$

したがって
$$\alpha(\beta+\gamma) = \alpha\beta+\alpha\gamma$$

同様に
$$(\beta+\gamma)\alpha = \beta\alpha+\gamma\alpha$$

も証明できる.

したがって $E(M)$ は環をつくる. このような環を M の**自己準同型環**という.

例1 位数 n の巡回加群 C_n の自己準同型環をもとめよ.

解 C_n の生成元を a とする. a を ma に写す準同型を α_m とする.
$$\alpha_m(a) = ma$$

準同型の定義によって

$$\alpha_m(ka) = \alpha_m(\underbrace{a+\cdots+a}_{k}) = \underbrace{\alpha_m(a)+\cdots+\alpha_m(a)}_{k} = mka,$$
$$(\alpha_l+\alpha_m)(a) = la+ma = (l+m)a = \alpha_{l+m}(a),$$
$$\alpha_l\alpha_m(a) = \alpha_l(\alpha_m(a)) = lma = \alpha_{lm}(a)$$

だから
$$\alpha_l\alpha_m = \alpha_{lm}$$

したがって α_m の全体は整数の環で, その倍数を0としたときの環と同型である.

(6) やや異なった例として, 解析学に登場する**ノルム**

環の例をあげよう．

たとえば閉区間 $[\alpha, \beta]$ の上で定義された連続関数 $f(x)$ 全体の集合を R とし，R の各要素 $f(x)$ の最大値を
$$\max |f(x)| = \|f\|$$
と定義すると，
$$\|f+g\| \leqq \|f\| + \|g\|$$
$$\|fg\| \leqq \|f\| \cdot \|g\|$$
c を定数とすると
$$\|cf\| = |c| \cdot \|f\|$$
$$\|0\| = 0$$
また $\|f\| = 0$ のときは $f(x) = 0$ となる．

このような $\|f\|$ を f の**ノルム**といい，このようなノルムの定義された環を**ノルム環**といい，これは最近の解析学における重要な研究題目である．

例2 環 R のすべての要素 x が，$x^2 = x$ なる条件を満足するとき，R は可換となり，$-x = x$ となることを示せ．

解 $(x+x)^2 = x+x$ であるから
$$x^2 + x^2 + x^2 + x^2 = x + x$$
となる．$x^2 = x$ であるから $x^2 + x^2 = 0$．したがって，
$$x + x = 0, \quad -x = x$$
が得られる．x, y は任意の要素とすると
$$(x+y)^2 = x+y$$
から
$$x^2 + xy + yx + y^2 = x + y$$

$x^2 = x$, $y^2 = y$ から
$$xy + yx = 0$$
$$xy = -yx$$
$-yx = yx$ だから
$$xy = yx$$
したがって，R は可換である．

§7. 環の同型・準同型

2つの環 $R, \overline{R}$ のあいだに1対1対応 φ が存在し，φ によって加法と乗法とが同型に写されるとき，R と $\overline{R}$ は同型であるといい，つぎのように書く．
$$R \cong \overline{R}$$

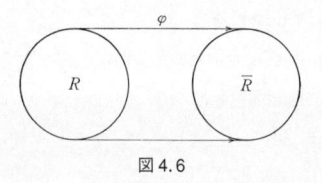

図4.6

具体的には R の任意の2つの要素 a, b に対して，
$$\varphi(a \pm b) = \varphi(a) \pm \varphi(b)$$
$$\varphi(ab) = \varphi(a)\varphi(b)$$
となるような1対1対応 φ が存在することである．

また $\varphi(R) = \overline{R}$ で φ が1対1ではなく多対1であるとき，$\overline{R}$ は R に準同型であるという．

このようなとき，φ によって $\overline{R}$ の 0 に写される R の要素の全体を I としよう．このような I はいかなる性質をもつであろうか．

まず，I は加群をなすことを示そう．

(1)　$a, b \in I$ ならば
$$\varphi(a \pm b) = \varphi(a) \pm \varphi(b) = 0 \pm 0 = 0$$
したがって $a \pm b$ は I に属する．

(2)　R の任意の要素を x とすると，xI, Ix は I に含まれる．なぜなら，a が I に属するとき，
$$\varphi(xa) = \varphi(x)\varphi(a) = \varphi(x) \cdot 0 = 0$$
$$\varphi(ax) = \varphi(a)\varphi(x) = 0 \cdot \varphi(x) = 0$$
だから xa と ax はともに I に属する．したがって xI, Ix は I に含まれる．

このような (1) (2) の条件を満たす環 R の部分集合を R の**イデアル**という．

イデアルの考えはデデキントが整数論の問題を解決するためにはじめて導入したものであり，環を研究するのに欠くことのできないものである．

剰余環　$R \to \overline{R}$ という準同型があれば，それに応じて R のなかに 1 つのイデアルが存在することがわかったが，つぎに R のなかにイデアル I が存在したとしよう．
$$I \subseteqq R$$
この I をもとにして R の要素のあいだにつぎのような同値関係を定義しよう．

$a-b$ が I に属するとき，つまり
$$a-b \in I$$
のとき，
$$a \equiv b \pmod{I}$$
と書くことにする．このときこの関係は同値律を満足することを示そう．
$$a-a = 0 \in I$$
だから
$$a \sim a \quad (\text{反射律})$$
$a \equiv b \pmod{I}$ ならば
$$a-b \in I$$
したがって $-(a-b) = b-a$ も I に属する．だから
$$b \equiv a \pmod{I} \quad (\text{対称律})$$
$$a \equiv b, \ b \equiv c \pmod{I}$$
のとき，$a-b, b-c$ が共に I に属する．したがってその和も
$$(a-b)+(b-c) = a-c \in I$$
となる．だから
$$a \equiv c \pmod{I} \quad (\text{推移律}).$$

結局，この関係は同値律を満足するから，R の類別を引き起こす．これを R の I による**剰余類**という．

つぎにこれらの類が加法，乗法に対してまとまった集団として行動することを示そう．
$$a \equiv b, \ c \equiv d \pmod{I}$$
とすれば

図4.7

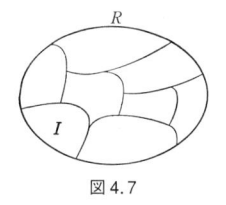

$$(a+c)-(b+d) = (a-b)+(c-d)$$

で $a-b, c-d$ は I に属するから，その和は I に属する．だから

$$a+c \equiv b+d \pmod{I}$$

また

$$\begin{aligned} ac-bd &= ac-ad+ad-bd \\ &= a(c-d)+(a-b)d \end{aligned}$$

において $c-d, a-b$ が I に属しているから，$a(c-d)$, $(a-b)d$ もやはり I に属する．したがってその和も I に属する．だから

$$ac \equiv bd \pmod{I}$$

結局，$\equiv$ はこれまでの $=$ と同じく辺々加え，辺々乗じてよいことがわかった．このことは，剰余類が加法と乗法に対して分散せず，まとまりを維持していることを物語っている．

ここで各々の剰余類を1つの要素とみれば1つの環が生まれたことになる．このような環を一般に**剰余環**といい，R/I で表わす．

R の要素 a に, a を含む R/I の類を対応させる写像 φ は R から R/I への準同型を表わしていることは明らかである.

$$R \xrightarrow{\varphi} R/I$$

このことから群における正規部分群と環におけるイデアルが類似の役割を演じていることがわかるだろう.

定理 1 (同型定理) R から $\overline{R}$ の上への準同型写像 φ があるとき,つまり $\varphi(R) = \overline{R}$ のとき,$\overline{R}$ の 0 に対応する R のすべての要素の集合を I とすれば I は R のイデアルで,

$$R/I \cong \overline{R}$$

が成り立つ.

証明 φ によって同一の要素に写される R の要素の全体は,R/I の 1 つの類をつくる.なぜなら,$\varphi(a) = \varphi(b)$ ならば

$$\varphi(a) - \varphi(b) = 0$$
$$\varphi(a-b) = 0$$

であるから,I の定義によって

$$a - b \in I$$

したがって,

$$a \equiv b \pmod{I}$$

そして,類の加法,乗法は φ によって $\overline{R}$ に写される.なぜなら

$$a \equiv b,\ c \equiv d \pmod{I}$$

から,

$$a+c \equiv b+d \pmod{I}, \quad ac \equiv bd \pmod{I}$$

となるからである。　　　　　　　　　　　　　　（証明終り）

例 3　整数の環 Z のなかのイデアルはいかなるものか。

解　Z のあるイデアルを I とする。

$$I \subseteq Z$$

I のなかの正の数のうちで最小の数を n とする。I の任意の数を x とする。x を n で割ってみる。

$$x = qn + r \qquad (0 \leq r < n)$$
$$r = x - qn$$

$n \in I$ だから、$qn \in I$。したがって $x - qn = r$ は I に属する。$r > 0$ ならば $r < n$ だから、n が I のなかの最小の正数であるという仮定に反する。したがって $r = 0$ でなければならない。したがって

$$x = qn$$

すなわち、I の任意の要素 x は n の倍数である。したがって I は n のすべての倍数の集合である。これを (n) で表わす。

$I = (n)$ としたとき、この I によって、Z に同値関係を導入したのがガウスの合同式である。

$$a \equiv b \pmod{I}$$

を

$$a \equiv b \pmod{n}$$

と書くと、$a - b$ が n の倍数となることである。これがガウスの合同式である。

例4 $n=6$ としたとき,$Z/(6)$ の剰余環の加法,乗法の表をつくれ.

解 mod 6 における剰余類のなかから,代表元を1つずつえらぶと

$$0, 1, 2, 3, 4, 5$$

である.これは各々の類を表わすものとする.

加法と乗法はつぎのようになる.

+	0	1	2	3	4	5
0	0	1	2	3	4	5
1	1	2	3	4	5	0
2	2	3	4	5	0	1
3	3	4	5	0	1	2
4	4	5	0	1	2	3
5	5	0	1	2	3	4

×	0	1	2	3	4	5
0	0	0	0	0	0	0
1	0	1	2	3	4	5
2	0	2	4	0	2	4
3	0	3	0	3	0	3
4	0	4	2	0	4	2
5	0	5	4	3	2	1

$Z/(6)$ を直観的に理解するには,つぎのような方法も役立つであろう.Z は数直線上にならんでいるとみよう.

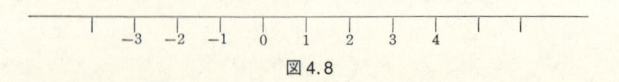

図4.8

これを紐と考えて,周囲6の円柱のまわりにらせん状に巻きつけていくことにしよう.これを上から見ると,

§7. 環の同型・準同型　　　193

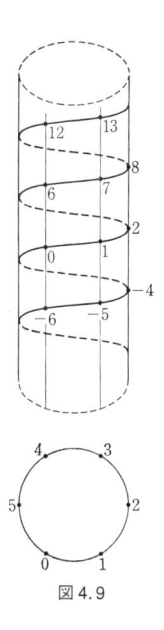

図 4.9

$$\cdots,\ -12,\ -6,\ 0,\ 6,\ 12,\ \cdots$$
$$\cdots,\ -11,\ -5,\ 1,\ 7,\ 13,\ \cdots$$
$$\cdots,\ -10,\ -4,\ 2,\ 8,\ 14,\ \cdots$$
$$\cdots,\ -9,\ -3,\ 3,\ 9,\ 15,\ \cdots$$
$$\cdots,\ -8,\ -2,\ 4,\ 10,\ 16,\ \cdots$$
$$\cdots,\ -7,\ -1,\ 5,\ 11,\ 17,\ \cdots$$

のそれぞれは1点とみられて，図4.9のように円周上に並んでいるように見えるだろう．それが $Z/(6)$ であると

考えてよいだろう．

問1 $Z/(5), Z/(7), Z/(8), \cdots$ の加法，乗法の表をつくれ．

§8. 体の定義

環であってしかも 0 以外の要素は乗法に対して群をつくるとき，それを**体**という．その乗法の単位元を e で表わす．

このような体のもっともわかりやすい例はいうまでもなく，有理数全体のつくる環である．その他いくつかの例をあげておこう．

(1) 実数全体のつくる環もやはり体をなす．つまり**実数体**である．

(2) 複素数全体もやはり体をつくる．**複素数体**である．

以上はいずれも乗法が可換であるような体であるが，乗法が可換でないような体をあげておこう．それははじめてハミルトン（W. R. Hamilton, 1805-65）によって発見された**4元数体**である．

(3) a, b, c, d は実数であるとして，
$$a1+bi+cj+dk$$
という形の1次式の全体を考える．そして，$1, i, j, k$ のあいだにはつぎのような乗法を考える．
$$11=1, \ 1i=i, \ 1j=j, \ 1k=k$$
$$ii=jj=kk=-1$$
$$ij=-ji=k, \ jk=-kj=i, \ ki=-ik=j$$

そして，a, b, c, d はすべて $1, i, j, k$ とは交換可能として，分配法則，結合法則はすべて成立するものとする．

加法減法は
$$(a1+bi+cj+dk) \pm (a'1+b'i+c'j+d'k)$$
$$= (a \pm a')1 + (b \pm b')i + (c \pm c')j + (d \pm d')k$$
とし，乗法は，上の規則を使って行なうものとする．

そして，$a1+bi+cj+dk = 0$ は $a=b=c=d=0$ の場合に限るものとする．

そのとき，$a1+bi+cj+dk \neq 0$ ならば
$$(a1+bi+cj+dk)(a1-bi-cj-dk)$$
$$= a^2+b^2+c^2+d^2 > 0$$
したがって，$(a1+bi+cj+dk)$ の逆元は
$$\frac{a1-bi-cj-dk}{a^2+b^2+c^2+d^2}$$
である．だから，体をなす．しかしこの体は可換ではない．

体では 0 でない 2 つの元をかけて 0 となることはない．$a \neq 0, b \neq 0$ で $ab = 0$ なら，a^{-1} を両辺にかけると $a^{-1}ab = a^{-1}0 = 0$，$b=0$ で仮定に反するからである．

§9. 可換体の分類

体には無限の種類があるが，これを系統的に分類していくことにしよう．

F を体とする．F の乗法の単位元 e をとって，これをつぎつぎに加えていってみよう．

$$e, e+e, e+e+e, \cdots$$

これらはいずれも F に属しているが，このなかに 0 が現われる場合と，そうでない場合が起こり得る．まず 0 が現われる場合を考えてみよう．

最初に 0 が現われた場合を

$$\underbrace{e+e+e+\cdots+e}_{n} = 0$$

としよう．この n が素数でなく，n より小さい 2 つの因数 lm に分かれたとしよう．

$$n = lm$$

このとき，

$$\underbrace{(e+\cdots+e)}_{l}\underbrace{(e+e+\cdots+e)}_{m} = \underbrace{(e^2+e^2+\cdots+e^2)}_{lm}$$
$$= \underbrace{e+e+\cdots+e}_{n} = 0$$

($e^2 = e, lm = n$ であるから)

F は体であるから，$\underbrace{e+\cdots+e}_{l}$ か $\underbrace{e+e+\cdots+e}_{m}$ のどちらかが 0 でなければならない．

ところが $\underbrace{e+\cdots+e}_{n}$ は最初に 0 となるような場合だったから，これは矛盾である．だから n は素数でなければならない．この素数を p で表わす．

$$\underbrace{e+e+\cdots+e}_{p} = 0$$

この素数を体 F の**標数**といい，F を標数 p の体という．
つぎに F のなかに含まれる最小の体を定めよう．

$$0, e, e+e, \cdots, \underbrace{e+\cdots+e}_{p-1}$$

を $0, e, 2e, \cdots, (p-1)e$ で表わそう．この p 個の要素の集合を P で表わす．

$$P = \{0, e, 2e, \cdots, (p-1)e\} \qquad (pe = 0)$$

この P は環をなす．なぜなら，

$$le \pm me = (l \pm m)e$$

だし，

$$(le)(me) = (lm)e^2 = (lm)e$$

となるからである．l, m が p より大きくなれば p で割った余りによって置き換えるとよい．

いま，P のなかの 0 でない要素を a としよう．P のなかで

$$x \longrightarrow ax$$

という写像を考えると，この写像は1対1写像である．なぜなら，

$$ax = ay$$

ならば

$$a(x-y) = 0$$

となり，$a \neq 0$ であるから，$x-y=0$, したがって $x=y$ となるからである．有限集合 P のなかの1対1写像だから，ax は P のすべての要素をとる．したがって P のなかの単位元 e ともなる．

$$ax = e$$

このような x はすなわち, a の逆元である. P の 0 でない要素はすべて逆元をもつから, P は体をなす.

この P はもちろん F のなかに含まれる最小の体である. これを**素体**という.

この素体 P は $\mathrm{mod}\, p$ による整数の剰余環 $Z/(p)$ と同型である.

つぎに $e+e+\cdots+e$ のなかにはどこまで行っても 0 の現われてこない場合を考えてみよう. このとき, me のつくる環は Z と同型であることはいうまでもない. このとき F の標数は 0 であるという.

だから Z を含む最小の体を探せばそれは有理数体に他ならない. つまり標数 0 の体の素体は有理数体と同型である.

§10. 最小の体

標数 p の体の素体は p 個の要素をもっているが, そのなかでも, もっとも少ないのは $p=2$ の場合である.

この体を $P_2 = \{0, e\}$, $2e = 0$ とすると, その加法, 乗法の表は

+	0	e
0	0	e
e	e	0

×	0	e
0	0	0
e	0	e

ここで，$1+1\equiv 0 \pmod{2}$ ということにすれば，e の代わりに 1 と書いてもよい．

この最小の体をかりに"ミニ体"とでも名づけることにすると，これは記号論理学と密接な関係をもっている．

命題 $A, B, C, \cdots$ は真，偽 2 つの真理値をとるものとし，真のとき値は 1，偽のとき値は 0 と定めると，$A, B, C, \cdots$ は P_2 の要素をとる変数とみなしてもよいだろう．

A and B という命題を $A \wedge B$ で表わすと，その真理表は

A	B	$A \wedge B$
0	0	0
1	0	0
0	1	0
1	1	1

となるがこれは $A \times B$ と同じである．

また A or B を $A \vee B$ と書くと，その真理表は

A	B	$A \vee B$
0	0	0
1	0	1
0	1	1
1	1	1

となり $A \vee B$ の値は $A+B+A \cdot B$ と同じである．

また not A を $\overline{A}$ で表わすと，

A	$\overline{A}$
0	1
1	0

となり $\overline{A}$ は $1-A$ と同じになる．

だから，命題 $A, B, C, \cdots$ が $\vee, \wedge, {}^{-}$ で結びつけられた式は $A, B, C, \cdots$ が $+, \times, -$ 等で結びつけられた多項式 $\varphi(A, B, C, \cdots)$ で置き換えられたものと考えてもよい．

変数 $A, B, C, \cdots$ の個数が n であるとすると，$A, B, C, \cdots$ のとる値の組合わせは 2^n であり，φ のとる値も $0, 1$ のどちらかであるから，このような φ の個数は $2^{(2^n)}$ である．

換言すれば P_2 の値をとる n の変数の多項式を考えることになる．

例5 F を標数 p の体としよう．このとき，任意の a, b に対して，
$$(a+b)^p = a^p + b^p$$
が成り立つことを証明せよ．

解 $(a+b)^p$ を2項定理で展開すると，
$$a^p + \binom{p}{1}a^{p-1}b + \binom{p}{2}a^{p-2}b^2 + \cdots + \binom{p}{p-1}ab^{p-1} + b^p$$
ここで $\binom{p}{m} = \dfrac{p!}{m!(p-m)!}$ $(0 < m < p)$ は

$$p! = \binom{p}{m} m!(p-m)! \equiv 0 \pmod{p}$$

$$m! \not\equiv 0, \ (p-m)! \not\equiv 0 \pmod{p}$$

だから $\binom{p}{m} \equiv 0 \pmod{p}$. だから $\binom{p}{m} = s \cdot p$.

したがって

$$\binom{p}{m} a^{p-m} b^m = \left\{ \binom{p}{m} e \right\} a^{p-m} b^m$$
$$\equiv \{spe\} a^{p-m} b^m$$
$$= s(pe) a^{p-m} b^m = 0$$

したがって

$$(a+b)^p = a^p + b^p. \qquad \text{(証明終り)}$$

また

$$(ab)^p = a^p \cdot b^p$$

である．また $a^p = b^p$ なら，

$$a^p - b^p = 0$$
$$(a-b)^p = 0$$

したがって $a-b = 0$, $a = b$.

つまり $\varphi(a) = a^p$ は F のなかでの1対1の同型写像である．

もし F が有限の体であったら，φ は F の自己同型である．しかし F が無限体であったら，$\varphi(F)$ は F 全体でなく F の一部分にしかならないこともあろう．

§11. 整数の剰余環

整数環のなかで n の倍数のつくる集合はイデアルをつ

くり，そのイデアルによる剰余環を $R(n)$ で表わす．これは古典的にいうと

$$a \equiv b \pmod{n}$$

という合同式による剰余環である．それは初等整数論の重要な研究課題であった．

$R(n)$ の位数はもちろん n である．

これを代数的構造の一例として考えてみよう．

まず Z におけるイデアルはどのようなものであろうか．

I を Z のなかのイデアルとすると，それはある1つの数 n の倍数の集合であった．これを**単項イデアル**と名づける．つまり Z のなかではすべてのイデアルは単項である．

Z のなかに2つのイデアル $(m), (n)$ があったとき，集合としてのその共通部分はやはりイデアルである．そのイデアルもやはり単項 (r) であるが，この r は $r \in (m), r \in (n)$ だから m, n の双方で割り切れねばならない．だから r は m, n の最小公倍数である．

また (m) と (n) を含むイデアルのうち最小のイデアルを (s) としよう．このイデアル I は，x, y が任意の整数であるとき，

$$mx + ny$$

という形で表わされるすべての整数の集合である．なぜなら mx は (m) に属し，ny は (n) に属するから，I はその和を含んでいるはずで，そのため $mx+ny$ は I に含まれる．またこのような形の数の集合 M はイデアルをつくることは明らかである．

$$mx+ny \in M, \quad mx'+ny' \in M$$
ならば
$$(mx+ny)+(mx'+ny')$$
$$= m(x+x')+n(y+y') \in M$$
また任意の整数 z に対して
$$(mx+ny)z = m(xz)+n(yz) \in M$$
だから M はイデアルである．I は $(m),(n)$ を含む最小のイデアルだから
$$M = I.$$
I の中で最小の正数を s とすると，
$$I = (s).$$
この s は m,n の最大公約数である．これを $(m,n)=s$ で表わす．

だから s が m,n の最大公約数であるとき
$$mx+ny = (m,n)$$
を満足する x,y は必ず存在する．

$(m,n)=1$ のときは
$$mx+ny = 1$$
となる x,y は必ず存在する．

これを合同式の形に書くと
$$mx \equiv 1 \pmod{n}$$
となる．

一般に $(m_1),(m_2),\cdots,(m_k)$ を含む最小のイデアルは
$$m_1x_1+m_2x_2+\cdots+m_kx_k$$
なる数全体の集合である．ただしここで $x_1,x_2,x_3,\cdots,x_k$

は任意の整数である.

この中で最小の正数が $m_1, m_2, \cdots, m_k$ の最大公約数である. これを $(m_1, m_2, \cdots, m_k)$ で表わす. これはその意味からいって
$$((m_1, m_2, \cdots, m_{k-1}), m_k)$$
と同じ意味をもっている.

いま l, m が n と互いに素だとしよう.
$$(l, n) = 1, \quad (m, n) = 1$$
このとき,
$$(lm, nm) = m,$$
$$(m, n) = ((lm, nm), n) = (lm, nm, n) = 1$$
nm は n の倍数だから除いてよい. だから
$$(lm, n) = 1$$

定理2 n と互いに素な $\bmod n$ の剰余類は乗法について群をつくる.

証明 上の定理で n と互いに素な類の積は n と互いに素である. n と互いに素な類の個数を $\varphi(n)$ とする. 各々の類の数を
$$a_1, a_2, \cdots, a_{\varphi(n)}$$
とすると, これは乗法について位数 $\varphi(n)$ の群をつくる. なぜなら, $(m, n) = 1$ なら $mx \equiv 1$ なる x は必ず存在するからである. そのときの x が m の逆元に当たるからである. (証明終り)

だから $(x, n) = 1$ なる任意の x に対して
$$x^{\varphi(n)} \equiv 1 \pmod{n}$$

が成り立つ．これはオイラーの定理である．　　（証明終り）

例 6　$n=12$ のとき，n と互いに素な類を求め，オイラーの定理を確かめよ．

解　　　　$0,1,2,3,4,5,6,7,8,9,10,11.$
　　　　　　　↑　　　　↑　↑　　　　　　↑

矢印で示した $1,5,7,11$ がそうであるから $\varphi(12)=4$ である．

$$1^4 = 1^2 \equiv 1 \pmod{12}$$
$$5^4 = (5^2)^2 = 25^2 \equiv 1^2 \pmod{12}$$
$$7^4 = (7^2)^2 = 49^2 \equiv 1^2 \equiv 1 \pmod{12}$$
$$11^4 = (11^2)^2 = 121^2 \equiv 1^2 \equiv 1 \pmod{12}$$

§12. 整　域

たとえば 2 行 2 列の行列全体

$$\begin{bmatrix} a_{11} & a_{12} \\ a_{21} & a_{22} \end{bmatrix}$$

のつくる環では 2 つの 0 でない要素を掛け合わせて，その積が 0 になることがある．

$\begin{bmatrix} 1 & 0 \\ 0 & 0 \end{bmatrix}$ も $\begin{bmatrix} 0 & 0 \\ 0 & 1 \end{bmatrix}$ も 0 ではないが，その積は 0 になる．

$$\begin{bmatrix} 1 & 0 \\ 0 & 0 \end{bmatrix} \cdot \begin{bmatrix} 0 & 0 \\ 0 & 1 \end{bmatrix} = \begin{bmatrix} 0 & 0 \\ 0 & 0 \end{bmatrix}$$

このように 2 つの要素の積が 0 になるとき，各々を零因子と呼んでいる．環には 0 でない零因子が存在することが多いのであるが，つぎには，そのような零因子の存在しな

い環を問題にしよう．たとえば整数の環などはそのような環の1つである．

　乗法の単位元の1をもち，零因子を含まない可換な環を**整域**と名づける．

　整数の環のほかにも整域は数多くある．そのことはつぎの事実からも想像できる．

　環 R の要素を係数とし，x を不定元とするすべての多項式
$$a_0 x^n + a_1 x^{n-1} + \cdots + a_{n-1} x + a_n$$
の集合を $R[x]$ で表わすと，これは多項式の加，減，乗の演算について環をつくる．これを**多項式環**という．

　定理3 R が整域ならば $R[x]$ はまた整域である．

　証明 R の単位元の1は $R[x]$ のなかでも単位元として振るまう．
$$\begin{aligned} &1(a_0 x^n + a_1 x^{n-1} + \cdots + a_{n-1} x + a_n) \\ &= 1 \cdot a_0 x^n + 1 \cdot a_1 x^{n-1} + \cdots + 1 \cdot a_{n-1} x + 1 \cdot a_n \\ &= a_0 x^n + a_1 x^{n-1} + \cdots + a_{n-1} x + a_n \end{aligned}$$
だから $R[x]$ は乗法の単位元をもっている．

　つぎに $R[x]$ に属する2つの多項式があり，そのいずれも0でないとする．そのとき，
$$a_0 x^m + a_1 x^{m-1} + \cdots + a_m$$
$$b_0 x^n + b_1 x^{n-1} + \cdots + b_n$$
として，0でない最初の係数を a_0, b_0 とする．すなわち，
$$a_0 \neq 0, \; b_0 \neq 0$$
その積をつくると，

$$(a_0x^m+a_1x^{m-1}+\cdots+a_m)(b_0x^n+b_1x^{n-1}+\cdots+b_n)$$
$$=a_0b_0x^{m+n}+(a_0b_1+a_1b_0)x^{m+n-1}+\cdots+a_mb_n$$

ところで a_0, b_0 は整域 R の要素であり,しかも双方とも 0 でないから,その積 a_0b_0 は 0 とはならない. $a_0b_0=0$ だったら,a_0, b_0 は零因子となり,R が整域であるという仮定に反する.だから 2 つの多項式の積は最初の係数が 0 でないから,0 ではない.だから $R[x]$ は零因子を有しないから,整域である. (証明終り)

上の定理で R の代わりに $R[x]$ をとり,これにまた新しい不定元 y を付加して $R[x][y]$ をつくると,これもまた整域となる.これを $R[xy]$ で表わす.

R につぎつぎに新しい不定元 $x, y, z, \cdots$ を付加していっても整域であることに変わりないから,つぎの定理が得られる.

定理 4 整域 R に不定元 $x, y, z, \cdots$ を付加して得られる多項式環 $R[x, y, z, \cdots]$ はやはりまた整域である.

この定理は 1 つの整域から無数の整域がつくり出されることを物語っている.

§13. 商体の構成

整数の環 Z は有理数体の部分集合であるが,その起こりからいうと,整数から分数がつくられていったのである.もちろん分数は連続量を表わす数として生まれ,連続量の中にある法則から分数の加減乗除の規則が導き出されてきたのであった.同じことを他の整域についてもいえな

いだろうか.

つまり1つの整域を足場として、その上にそれを含む体を構成してみることはできないだろうか.

しかし一般の環にはそのような裏づけはないのであるから、整数から分数とその演算の規則がつくり出されていった過程を真似てみよう.

整域 R の2つの要素 a, b の組を考える。それを (a, b) で表わす。これは a/b に相当するものである。つまり a は分子, b は分母の役割を演ずる。したがって b は0でないと仮定する。その意味では (a, b) は R の要素を成分とする2次元のベクトルと考えてもよい.

このベクトルの集合につぎのような同値条件を導入する.

$ad = bc$ のとき, (a, b) と (c, d) は同値とみなすのである. 記号的には

$$(a, b) \sim (c, d)$$

と書く. これは $\dfrac{a}{b} = \dfrac{c}{d}$ と $ad = bc$ が同じ条件であることを真似たのである.

このことから $c \neq 0$ に対して $(a, b) \sim (ac, bc)$ はすぐ証明できる.

$$a \cdot (bc) = abc = b(ac)$$

であるから

$$(a, b) \sim (ac, bc)$$

さて、この関係が、反射的, 対称的, 推移的という同値律を満足しているかどうかを確かめてみよう.

(1) 反射的：(a,b) と (a,b) は $ab=ba$ だから確かに
$$(a,b) \sim (a,b)$$

(2) 対称的：$(a,b) \sim (c,d)$ なら，$ad=bc$. これから $bc=ad, cb=da$. したがって $(c,d) \sim (a,b)$.

(3) 推移的：$(a,b) \sim (c,d)$, $(c,d) \sim (e,f)$ は $ad=bc$, $cf=de$ と同じ意味である．

$ad=bc$ の両辺に f をかけると，
$$adf = bcf = b(cf) = b(de) = bde$$
これから
$$adf - bde = (af-be)d = 0$$
$d \neq 0$ で零因子がないから，
$$af - be = 0, \ af = be.$$
これは $(a,b) \sim (e,f)$ を意味する．

以上で同値律が確かめられたので，この同値関係によって類別が可能になった．

つぎに加法を導入しよう．
$$(a,b) + (c,d) = (ad+bc, bd)$$
を加法の定義とみなす．ここで $b \neq 0, d \neq 0$ だから $bd \neq 0$ となるわけである．

ここで $(a,b) \sim (a',b')$, $(c,d) \sim (c',d')$ のとき
$$(a,b) + (c,d) \sim (a',b') + (c',d')$$
となるかどうかを確かめねばならない．
$$(a',b') + (c',d') = (a'd' + b'c', b'd')$$
これと $(ad+bc, bd)$ が同値であるためには

$$(ad+bc)b'd' = adb'd' + bcb'd'$$
$$= (ab')dd' + bb'(cd')$$
$$= (a'b)dd' + bb'(c'd)$$
$$= (a'd' + b'c')bd$$

だから
$$(ad+bc, bd) \sim (a'd' + b'c', b'd')$$

つまり
$$(a,b) + (c,d) \sim (a',b') + (c',d')$$

が得られた.

加法の交換法則は
$$(c,d) + (a,b) = (cb+da, db) = (ad+bc, bd)$$
$$= (a,b) + (c,d)$$

によって証明できる.

また結合法則は
$$\{(a,b) + (c,d)\} + (e,f) = (ad+bc, bd) + (e,f)$$
$$= ((ad+bc)f + bde, bdf)$$
$$= (adf + bcf + bde, bdf)$$
$$(a,b) + \{(c,d) + (e,f)\} = (a,b) + (cf+de, df)$$
$$= (adf + b(cf+de), bdf)$$
$$= (adf + bcf + bde, bdf)$$

だから
$$\{(a,b) + (c,d)\} + (e,f) = (a,b) + \{(c,d) + (e,f)\}$$

が証明できた.

また, $(0,b)$ については
$$(0,b) + (c,d) = (0d+bc, bd) = (bc, bd) \sim (c,d)$$

となるから，0 と同じに見てよい．

また (a,b) に対して $(-a,b)$ をつくると，
$$(a,b)+(-a,b) = (ab-ba, b^2) = (0, b^2) = 0$$
したがって $(-a,b)$ は (a,b) の符号を替えたものであるから
$$(-a,b) = -(a,b)$$
と書いてよい．

乗法については
$$(a,b)(c,d) = (ac, bd)$$
と定義しよう．
$$(a,b) \sim (a',b'), \ (c,d) \sim (c',d')$$
ならば
$$(a,b)\cdot(c,d) = (ac, bd)$$
$$(a',b')(c',d') = (a'c', b'd')$$
ここで
$$(ac)(b'd') = (ab')(cd') = (a'b)(c'd) = (a'c')(bd)$$
したがって
$$(a,b)(c,d) \sim (a',b')(c',d')$$
つまりこの乗法は類どうしの乗法と考えてよいことがわかる．

この乗法について交換法則を確かめてみよう．
$$(a,b)(c,d) = (ac, bd) = (ca, db) = (c,d)(a,b)$$
したがって
$$(a,b)(c,d) = (c,d)(a,b).$$

結合法則は

$$\{(a,b)\cdot(c,d)\}(e,f) = (ac,bd)\cdot(e,f) = (ace,bdf)$$
$$(a,b)\{(c,d)\cdot(e,f)\} = (a,b)\cdot(ce,df) = (ace,bdf)$$
だから
$$\{(a,b)\cdot(c,d)\}(e,f) = (a,b)\{(c,d)(e,f)\}$$
つぎに分配法則であるが,
$$\begin{aligned}\{(a,b)+(c,d)\}(e,f) &= (ad+bc,bd)(e,f)\\ &= ((ad+bc)e,bdf)\\ &= (ade+bce,bdf)\end{aligned}$$
$$\begin{aligned}(a,b)(e,f)+(c,d)(e,f) &= (ae,bf)+(ce,df)\\ &= (aedf+bfce,bdf^2)\\ &= (aed+bce,bdf)\end{aligned}$$
だから
$$\{(a,b)+(c,d)\}(e,f) = (a,b)(e,f)+(c,d)(e,f)$$
が得られ,分配法則が証明された.

また,乗法の単位元 1 に当たるのは (b,b) という形のものである.
$$(b,b)(c,d) = (bc,bd) = (c,d)$$
(a,b) で $a \neq 0$ とすれば, (b,a) が $(a,b)^{-1}$ に当たる.すなわち,
$$(a,b)(b,a) = (ab,ba) = (ab,ab)$$
となり, (ab,ab) は 1 に当たる.つまり 0 でない要素には必ず逆元が存在することがわかる.

このようにして構成された環は体をなすことが明らかになった.この体を F で表わしてみよう.このようにして構成された体を R の**商体**という.

これまでのところでは F は R とは別のところに構成されたものであって，そのあいだには含む，含まれるという関係はない．

　しかし，さらにすすんで両者の関係を追求してみよう．それは F のなかに R と同型な環をつくることができるかどうかという問題である．もしそのことが可能となり，F の中に R と同型な環 R' が含まれていることがわかれば，R' を同一視して，R を体 F まで拡大したものと考えることができる．

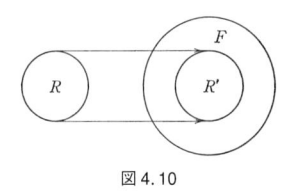

図 4.10

　そのために R の要素 a と F の要素 $(a, 1)$ とを対応させよう．
$$a \longrightarrow (a, 1)$$
まずこの対応が 1 対 1 であることを示そう．
$$a \longrightarrow (a, 1)$$
$$b \longrightarrow (b, 1)$$
で $(a, 1) \sim (b, 1)$ のときは同値の条件は
$$a \cdot 1 = 1 \cdot b$$
であるから

$$a = b$$

が得られ，同一の $(a,1)$ には1つの a だけが対応することがわかる．すなわち，この対応は1対1である．

つぎに加，減，乗について同型であるかどうかを確かめよう．

$$(a,1) \pm (b,1) = (a \cdot 1 \pm 1 \cdot b, 1 \cdot 1) = (a \pm b, 1)$$

となるから

$$\begin{array}{ccc} a & + & b & = & a+b \\ \uparrow & & \uparrow & & \uparrow \end{array}$$
$$(a,1) \pm (b,1) = (a \pm b, 1)$$

となり加減について同型である．

乗法については

$$(a,1) \cdot (b,1) = (ab, 1 \cdot 1) = (ab, 1)$$

だから

$$\begin{array}{ccc} a & \times & b & = & ab \\ \uparrow & & \uparrow & & \uparrow \end{array}$$
$$(a,1) \times (b,1) = (ab, 1)$$

となりやはり同型である．

つまり R' は R と同型の環であることがわかった．

ここで R' を R と同一視すれば，R を拡大して体 F が得られたものと考えてよい．

§14. 多項式環における分解

可換体 F に1つの不定元 x を付加した多項式環 $F[x]$ では，分解の一意性が成り立つ．

$$f(x) \in F[x]$$

が r 次の多項式であるとき,それが 2 つの因数 $g(x), h(x)$ に分解したとすると,つまり

$$f(x) = g(x)h(x)$$

のとき $g(x), h(x)$ の次数は $f(x)$ より低くなる.$g(x), h(x)$ がまた分解するとき,さらに各因子の次数は減少していく.だからこの分解は有限回で終るはずである.もうこれ以上分解できないところまで分解したとする.各因子はもちろん,これ以上因子に分解できない多項式,すなわち既約多項式である.したがってつぎの定理が得られる.

定理 5 $F[x]$ の多項式は $F[x]$ で既約な多項式の積で表わされる.

つぎに,これらの分解が "ある意味では" 一意的であることを証明しよう.ある意味というのは,2 つの多項式 $p(x)$ と $q(x)$ が F の要素 $\alpha\ (\neq 0)$ によって p, q が

$$p(x) = \alpha q(x)$$

という形で表わされるときは同一とみなすことにする,という但し書きをつけてのことである.

その準備として,つぎの定理を証明しておこう.

定理 6 $p(x)$ が既約であり,$f(x)g(x)$ が $p(x)$ で割り切れるなら,$f(x), g(x)$ のうち少なくとも一方が $p(x)$ で割り切れる.

証明 $p(x)$ の次数について帰納法を適用しよう.

$p(x)$ が 1 次のときは $p(x) = \alpha x + \beta$ だから $x = -\dfrac{\beta}{\alpha}$ を

$f(x)g(x)$ に代入すると $f\left(-\dfrac{\beta}{\alpha}\right)g\left(-\dfrac{\beta}{\alpha}\right)=0$ となる. そうすると少なくとも一方は,たとえば $f\left(-\dfrac{\beta}{\alpha}\right)=0$ になる. これは $f(x)$ が $x-\left(-\dfrac{\beta}{\alpha}\right)$ という因子を含んでいることを示している.

つぎに $p(x)$ が $n-1$ 次までは正しいと仮定しよう. $p(x)$ が n 次としよう.

$f(x), g(x)$ を $p(x)$ で割って,その余りを $f_1(x), g_1(x)$ とする.

$$f(x) = r(x)p(x)+f_1(x)$$
$$g(x) = s(x)p(x)+g_1(x)$$

として, $f_1(x), g_1(x)$ はたかだか $n-1$ 次とする. しかし 0 でないとする.

$$\begin{aligned}f(x)g(x) &= (r(x)p(x)+f_1(x))(s(x)p(x)+g_1(x))\\ &= p(x)(r(x)s(x)p(x)+\cdots)+f_1(x)g_1(x)\end{aligned}$$

となる. ここで, $f(x)g(x)$ が $p(x)$ で割り切れるとすると, $f_1(x)g_1(x)$ も $p(x)$ で割り切れる. そうすると

$$f_1(x)g_1(x) = p(x)h(x)$$

ここで $h(x)$ はたかだか $n-2$ 次である.

$h(x)$ を既約因子に分解すると

$$h(x) = q_1(x)q_2(x)\cdots$$

$q_1(x), q_2(x), \cdots$ は $n-2$ 次以下だから定理が成り立つから, $f_1(x), g_1(x)$ のなかに因数として含まれているはずである. それらを約してしまうと

$$f_2(x)g_2(x) = p(x)$$

となり $p(x)$ が既約であるという仮定に反する．だから $f_1(x), g_1(x)$ のうち少なくとも1つ，たとえば $f_1(x) = 0$ でなければならない．それは $f(x)$ が $p(x)$ で割り切れることである． （証明終り）

もし $F[x]$ の1つの要素がつぎのように2通りの分解ができたとしよう．

$$p_1 p_2 \cdots p_r = q_1 q_2 \cdots q_s$$

$p_1, p_2, \cdots, p_r, q_1, q_2, \cdots, q_s$ はすべて既約であるとする．

前の定理で，たとえば p_1 は $q_1, q_2, \cdots, q_s$ のうち少なくとも1つを割り切るはずである．たとえば q_1 だとすると，q_1 も既約だから

$$\alpha p_1 = q_1$$

となる．α は F の要素である．ここで両辺から p_1, q_1 を約すると，因子の数が1つ残って，残りの因子に同じ論法を適用すると，両方に同じ因子が現われている．それを約してつぎつぎに進んでいくと $p_1, p_2, \cdots, p_r$ と $q_1, q_2, \cdots, q_s$ は1つずつ等しいことがわかる．そしてもちろん $r = s$ である．

つぎにもう少し一般的でしかも応用範囲の広い定理を証明しよう．

定理7 R は整域で分解の一意性が成り立つものとする．このとき多項式環 $R[x]$ でも分解の一意性が成り立つ．

この証明のためにいくつかの準備をしておく．

$R[x]$ の要素

$$f(x) = a_0 + a_1 x + \cdots$$

があり，係数 $a_0, a_1, \cdots$ の最大公約数が1であるとき，$f(x)$ は**単位多項式**という．このとき，つぎの定理が成り立つ．

補題 単位多項式の積はまた単位多項式である．

証明
$$f(x) = a_0 + a_1 x + a_2 x^2 + \cdots$$
$$g(x) = b_0 + b_1 x + b_2 x^2 + \cdots$$
がともに単位多項式であるとする．

もし $f(x)g(x)$ が単位多項式でなければ，すべての係数が R の単位でない d で割り切れる．d の既約因子の1つを p とする．

$f(x)$ の係数の高い方からみて，最初に p で割り切れないものを a_r，$g(x)$ のそれを b_s とすると
$$f(x) = a_0 + a_1 x + \cdots + a_r x^r + p(\cdots)$$
$$g(x) = b_0 + b_1 x + \cdots + b_s x^s + p(\cdots)$$
となる．ここで積をつくると
$$f(x)g(x) = a_0 b_0 + \cdots + a_r b_s x^{r+s} + p(\cdots)$$
となる．だから $a_r b_s$ は p で割り切れねばならない．しかるに a_r, b_s は p で割り切れないと仮定し，しかも R では分解の一意性がいえたから，その積が p で割り切れることはない．これは矛盾である．だからそのような p ははじめから存在しなかったのである．つまり $f(x)g(x)$ は単位多項式であった． (証明終り)

R の商体を K とすると，$K[x]$ の要素 $\varphi(x)$ は，係数の分母を通分すると $\dfrac{h(x)}{b}$ となり，$h(x)$ の係数の最大公約数を a とすると

$$\varphi(x) = \frac{a}{b} f(x)$$

と書ける．ここで $f(x)$ は単位多項式である．

$K[x]$ の多項式が単位多項式 $f(x), g(x)$ によって $\frac{a}{b}f(x), \frac{c}{d}g(x)$ と 2 通りに表わされたとしたら，

$$\frac{a}{b}f(x) = \frac{c}{d}g(x)$$

通分すると，

$$adf(x) = bcg(x)$$

$f(x), g(x)$ は単位多項式だから

$$ad = \lambda bc$$

λ は R の単位とする．したがって

$$\lambda f(x) = g(x)$$

$K[x]$ の要素 $\varphi(x)$ に $\varphi(x) = \frac{a}{b}f(x)$ という $R(x)$ の単位多項式を対応させると，積には積が対応する．

したがって，$K[x]$ における分解の一意性から単位多項式の分解の一意性がいえるのである．

定理 8 単位多項式は R の単位を除けば一意的に既約の単位多項式に分解する．

このことから $R[x]$ の要素が $K[x]$ のなかで分解するとしたら，すでに $R[x]$ の中で分解しているはずである．

この定理は因数分解の技術上きわめて重要である．

例 7 $x^3 - x - 1$ は整数の範囲内で既約であることを証明せよ．

解 整数の環は分解の一意性の成り立つ整域だから以上

の定理が適用できる.

x^3-x-1 が分解可能としたら,1次と2次の多項式に分かれるはずである.1次の単位多項式を $x-c$ とすると,c はもちろん整数である.したがって,c は1の約数でなければならぬ.それは $+1$ か -1 である.$x=+1$ を代入しても,$x=-1$ を代入しても x^3-x-1 は0にならないから,$x-c$ という因子はない.だから x^3-x-1 は整数の環では既約である.

以上のことを多変数の多項式環に拡張すると,つぎのようになる.

定理9 R は分解の一意性の成り立つ整域であるとする.そのとき,$x_1, x_2, \cdots, x_n$ という不定元をもつ多項式環 $R[x_1, x_2, \cdots, x_n]$ にもやはり分解の一意性が成り立つ.

証明 上の定理によって,R における一意性から $R[x_1]$ における一意性が導かれ,$R[x_1]$ のそれから $R[x_1, x_2]$ のそれが導かれる.つぎつぎに進んでいくと $R[x_1, x_2, \cdots, x_n]$ の一意性が結果する.

学校教育では因数分解の練習問題は数多く課せられたが,どのようにやっても最終の答は同じであるということは,かつて教えられたことはなかった.

しかし1つの多項式を因数に分解するには種々の技巧があり,途中の計算も人によって多種多様であるが,答は同じであることが,ここにはじめて証明されたのである.

§15. 対称関数

R は1をもつ可換環として，$R[x_1, x_2, \cdots, x_n]$ のなかの要素 $f(x_1, x_2, \cdots, x_n)$ が，$x_1, x_2, \cdots, x_n$ のどのような入れ換えに対しても不変であるとき，この $f(x_1, x_2, \cdots, x_n)$ を $x_1, x_2, \cdots, x_n$ の**対称関数**もしくは**対称多項式**という．

たとえば $P[x_1, x_2]$ では $x_1 + x_2$ や $x_1^3 + x_2^3$ 等は対称関数であるが，$x_1 - x_2$ や $x_1^2 x_2$ などはそうではない．x_1, x_2 の入れ換えによって異なった多項式に変わるからである．

無数にある対称関数のうちで
$$(y-x_1)(y-x_2)\cdots(y-x_n)$$
を展開したときの係数を**基本対称関数**という．

$$\begin{aligned}
(y-x_1)&(y-x_2)\cdots(y-x_n) \\
&= y^n - (x_1 + x_2 + \cdots + x_n)y^{n-1} \\
&\quad + (x_1 x_2 + \cdots + x_{n-1} x_n)y^{n-2} \\
&\quad - \cdots \pm x_1 x_2 \cdots x_n \\
&= y^n - \sigma_1 y^{n-1} + \sigma_2 y^{n-2} - \cdots \pm \sigma_n
\end{aligned}$$

つまり

$$\sigma_1 = x_1 + x_2 + \cdots + x_n$$
$$\sigma_2 = x_1 x_2 + x_2 x_3 + \cdots + x_{n-1} x_n$$
$$\cdots\cdots\cdots\cdots$$
$$\sigma_n = x_1 x_2 \cdots x_n$$

これらを "基本" 対称関数と名づけるのはつぎの定理が成り立つからである．

定理10 R における n 変数の対称関数は R の要素を係数とする $\sigma_1, \sigma_2, \cdots \sigma_n$ の多項式で表わされる．

これは代数学におけるきわめて重要な定理の1つである．

学校教育で $\alpha^3+\beta^3$ を $\alpha+\beta, \alpha\beta$ で表わせ，などという練習問題が出てくるのはこの定理を $n=2$ の場合に応用したものにすぎない．

証明 この定理の証明にはいろいろの方法があるが，ここでは2重帰納法とよばれるものを利用してみよう．それは変数の数の n と，多項式の次数の m という2つの整数に関する帰納法である．

ある定理は
(1) 次数が1で，変数の個数が任意のとき，
(2) 変数の個数が1で，次数が任意のとき，
(3) 変数の個数が $n-1$ で次数が m まで，また変数の個数が n で次数が $m-1$ のときまで正しいとすれば変数の個数が n で次数が m の場合にも正しいことが証明

できたら，変数の個数も，次数も任意のときに正しい．
ということを利用する．これを図示すると図4.11のようになっている．たては次数，よこは変数の数である．

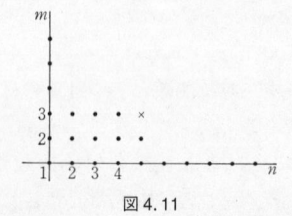

図 4.11

黒点で示した点で正しいとすると，×で示した点で正しいことがわかれば，すべての点で正しいことが証明できるわけである．

$m=1$ で n が任意のときは，1次 n 変数の対称関数は
$$a_1x_1+a_2x_2+\cdots+a_nx_n$$
で，$a_1=a_2=\cdots=a_n$ でなければならないから $a_1(x_1+x_2+\cdots+x_n)=a_1\sigma_1$ となり定理は正しい．

また $n=1$ で m が任意のときは，$x_1=\sigma_1$ であるから $f(x_1)=f(\sigma_1)$ となってやはり定理は成立する．

つぎに定理は変数の数は 1 から n までで次数は $m-1$ まで，変数は $n-1$ までで次数は m までの場合まで正しいと仮定する．

$f(x_1,x_2,\cdots,x_n)$ は n 変数で m 次の対称関数であるとする．

ここで $x_n=0$ とおいた $f(x_1,x_2,\cdots,x_{n-1},0)$ をつくると，これは次数は m 次以下で $x_1,x_2,\cdots,x_{n-1}$ の対称関数である．だから帰納法の仮定によって $x_1+x_2+\cdots+x_{n-1}$, $x_1x_2+\cdots+x_{n-2}x_{n-1}$, $\cdots$, $x_1x_2\cdots x_{n-1}$ の多項式として表わされる．これらの式は $\sigma_1,\sigma_2,\cdots,\sigma_{n-1}$ において $x_n=0$ とおいた式だから，これを $(\sigma_1)_0,(\sigma_2)_0,\cdots,(\sigma_{n-1})_0$ と書くことにしよう．$(\sigma_n)_0=0$ となる．

$$f(x_1,x_2,\cdots,x_{n-1},0)=g((\sigma_1)_0,(\sigma_2)_0,\cdots,(\sigma_{n-1})_0)$$

ここで $(\sigma_1)_0,(\sigma_2)_0,\cdots,(\sigma_{n-1})_0$ の代わりにもとの $\sigma_1,\sigma_2,\cdots,\sigma_{n-1}$ を置き換えた式を $g(\sigma_1,\sigma_2,\cdots,\sigma_{n-1})$ とする．

$$f(x_1, x_2, x_3, \cdots, x_{n-1}, x_n) - g(\sigma_1, \sigma_2, \cdots, \sigma_{n-1})$$

$$\begin{pmatrix} \text{をつくると，これは } x_n = 0 \text{ とおくと } 0 \text{ になる式} \\ \text{だから } x_n \text{ で割り切れる．ところが，これは対称関} \\ \text{数だから，} x_1, x_2, \cdots, x_{n-1} \text{ のすべてで割り切れる．} \\ \text{だから } x_1 x_2 \cdots x_n = \sigma_n \text{ で割り切れる．だから} \end{pmatrix}$$

$$= \sigma_n h(x_1, x_2, \cdots, x_n)$$

と書ける．ここで $h(x_1, x_2, \cdots, x_n)$ はまた対称関数で，しかも次数は左辺の m より n だけ低い．

つまり $h(x_1, x_2, \cdots, x_n)$ は変数の数は n で次数は m より低い．だから帰納法の仮定によって，この $h(x_1, x_2, \cdots, x_n)$ も $\sigma_1, \sigma_2, \cdots, \sigma_n$ の多項式で表わせる．

$$h(x_1, x_2, \cdots, x_n) = r(\sigma_1, \sigma_2, \cdots, \sigma_n)$$

したがって

$$f(x_1, x_2, \cdots, x_n)$$
$$= g(\sigma_1, \sigma_2, \cdots, \sigma_n) - \sigma_n r(\sigma_1, \sigma_2, \cdots, \sigma_n)$$

となり，正しいことがわかった．ここで2重帰納法は完成した． (証明終り)

例8 Z のなかで，$x_1{}^3 + x_2{}^3$ を基本対称関数 σ_1, σ_2 で表わせ．

解 $f(x_1, x_2) = x_1{}^3 + x_2{}^3$ とし，
$$f(x_1, 0) = x_1{}^3 = (\sigma_1)_0{}^3$$

ここで
$$\begin{aligned} f(x_1, x_2) - \sigma_1{}^3 &= x_1{}^3 + x_2{}^3 - (x_1 + x_2)^3 \\ &= -(3x_1{}^2 x_2 + 3x_1 x_2{}^2) \\ &= -3x_1 x_2 (x_1 + x_2) = -3\sigma_2 \sigma_1 \end{aligned}$$

だから
$$f(x_1, x_2) = \sigma_1{}^3 - 3\sigma_1\sigma_2$$

例9 $x_1{}^3 + x_2{}^3 + x_3{}^3$ を $\sigma_1, \sigma_2, \sigma_3$ によって表わせ.

解 $f(x_1, x_2, x_3) = x_1{}^3 + x_2{}^3 + x_3{}^3$ とおいて,上の結果を使うと,

$$\begin{aligned}f(x_1, x_2, 0) &= x_1{}^3 + x_2{}^3 \\ &= \sigma_1{}^3 - 3\sigma_1\sigma_2 = (\sigma_1)_0{}^3 - 3(\sigma_1)_0(\sigma_2)_0\end{aligned}$$

$\begin{pmatrix} f(x_1, x_2, x_3) - \sigma_1{}^3 + 3\sigma_1\sigma_2 \text{ は } \sigma_3 \text{ で割り切れ} \\ \text{るが,3 次だから商は定数である.} \end{pmatrix}$

$$= k\sigma_3$$

k を出すために $x_1 = x_2 = x_3 = 1$ とおくと,$\sigma_1 = 3$,$\sigma_2 = 3$,$\sigma_3 = 1$,$f(x_1, x_2, x_3) = 1^3 + 1^3 + 1^3 = 3$ だから

$$k = 3 - 3^3 + 3 \cdot 3 \cdot 3 = 3$$

したがって
$$x_1{}^3 + x_2{}^3 + x_3{}^3 = \sigma_1{}^3 - 3\sigma_1\sigma_2 + 3\sigma_3$$

この定理はいろいろの意味で重要である.

§16. 体の拡大

たとえば実数体のなかに有理数体が含まれている.また実数体は複素数体のなかに含まれている.

有理数体 ⊂ 実数体 ⊂ 複素数体

この例からもわかるように1つの体 F が他の体 F' に含まれている場合が多い.

$$F \subseteq F'$$

このとき F を F' の**部分体**といい,F' を F の**拡大体**とい

う. 以下であつかう体はすべて可換であるとする.

歴史的にいうと何らかの必要に応じて有理数体から実数体, 実数体から複素数体へと拡大されていったわけである.

しかし 1 つの体を拡大する方法は多種多様である. いくつかの例をあげてみよう.

(1) 有理数体 P に $\sqrt{2}$ を付加した体へ.

よく知られているように $\sqrt{2}$ は有理数ではない. だから $\sqrt{2}$ は P には属していない. このことは, $\sqrt{2}$ の満足する P の要素を係数とする方程式
$$x^2 - 2 = 0$$
が P のなかでは因数に分解しない, つまり P では既約ということである.

$\sqrt{2}$ を含むように P を拡大しなければならないが, その体は $\sqrt{2}$ のすべての和差積商を同時に含んでいなければならない. それは $f(x)$ が P の要素を係数とする x の有理関数であるとき

$$f(x) = \frac{a_0 x^n + a_1 x^{n-1} + \cdots + a_n}{b_0 x^m + \cdots + b_m}$$

$\begin{pmatrix} f(\sqrt{2}) \text{ はすべてその体に含まれていなければならな} \\ \text{い. } x^2 = 2 \text{ であるから, これを代入して整理すると} \end{pmatrix}$

$$= \frac{a_0' x + a_1'}{b_0' x + b_1'}$$

$\begin{pmatrix} \text{となる. ここでさらに分母と分子に } -b_0' x + b_1' \text{ を} \\ \text{かけると分母が有理化されて, つぎの形になる.} \end{pmatrix}$

$$= a_0'' x + a_1''$$

ここで a_0'', a_1'' はもちろん有理数である．だから $x=\sqrt{2}$ として

$$\alpha + \beta\sqrt{2}$$

という形の数全体の集合を考えると，それが $\sqrt{2}$ を含む体となる．このような体を $P(\sqrt{2})$ で表わす．これを有理数体 P に $\sqrt{2}$ を付加した体という．カッコの中は付加した新しい要素である．

同じく実数体 R に $x^2+1=0$ の根，つまり $\sqrt{-1}$ を付加すると複素数体が得られる．それは $R(\sqrt{-1})$ と書くことができる．

(2) 体 F に未知の要素 x を付加すると，x のすべての有理関数

$$\varphi(x) = \frac{a_0 x^n + \cdots + a_n}{b_0 x^m + \cdots + b_m}$$

の集合が得られる．これは x を含む最小の体である．x は不定元だから，x を含む多項式（F の要素を係数とする）は 0 になることはない．

これを $F(x)$ で表わす．このような拡大を**超越拡大**という．

(3) 有理数体 P を実数体へ拡大するにはいろいろの方法があるが，ここではカントルの基本列を利用する方法を紹介しよう．

P の要素からできている無限数列

$$a_1, a_2, \cdots, a_n, \cdots$$

がコーシーの収束条件，すなわち，$m \to \infty, n \to \infty$ に対

して
$$|a_m - a_n| \longrightarrow 0$$
を満足するとき，これを**基本列**と名づける．

この基本列全体の集合を K としよう．

K のなかにつぎのような加法と乗法を定義する．

2つの基本列
$$a_1, a_2, \cdots, a_n, \cdots$$
$$b_1, b_2, \cdots, b_n, \cdots$$
の和は
$$a_1 + b_1, a_2 + b_2, \cdots, a_n + b_n, \cdots$$
とする．これがまた基本列であることは容易に証明できる．

また積としては
$$a_1 b_1, a_2 b_2, \cdots, a_n b_n, \cdots$$
を定義する．これが基本列になることも容易に証明できる．

以上のことから K は環をなしていることがわかる．

K のなかで0に収束するものを0列といい，
$$c_1, c_2, \cdots, c_n, \cdots \longrightarrow 0$$
この全体を N で表わそう．

この N は K のなかのイデアルであることもたやすく証明できる．ここで剰余環 K/N をつくる．

K/N の0でない要素は0列でないから
$$a_1, a_2, \cdots, a_n, \cdots$$
から逆数の列
$$\frac{1}{a_1}, \frac{1}{a_2}, \cdots, \frac{1}{a_n}, \cdots$$

をつくることができる.ある番号から先には0は出てこないから,そこから先だけを考えることにしよう.

これもやはり基本列であり,しかも前の基本列の逆元に当たる.つまり K/N は0でない要素はすべて逆元をもっているから,体である.この体は実数体とまったく同型である.

§17. 単純拡大

体 F が体 Ω に含まれているものとしよう.このとき,Ω には含まれているが F には含まれていない要素の集合 M と F を含むような最小の体を $F(M)$ で表わすことにしよう.

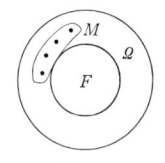

図4.12

ここで M が1つの要素 α のみを有するとき,$F(\alpha)$ は F の**単純拡大**であるという.

$F(\alpha)$ は α の F の要素を係数とする有理関数全体の集合であるが,$f(\alpha)=0$ となる多項式が1つも存在しないときは**単純超越拡大**と名づける.

これに対して $f(\alpha)=0$ となる多項式が存在するものと

しよう．このような多項式のなかで次数最小の多項式を $\varphi(\alpha)$ とする．

$$\varphi(\alpha) = a_0\alpha^n + a_1\alpha^{n-1} + \cdots + a_n$$

この多項式は F のなかでは因数に分解しない．すなわち既約である．なぜなら，もし

$$\varphi(\alpha) = \rho(\alpha)\sigma(\alpha) = 0$$

と分解したら，α が体の要素であることから，$\rho(\alpha), \sigma(\alpha)$ のどれかが 0 でなければならない．$\rho(\alpha) = 0$ ならば $\rho(\alpha)$ は $\varphi(\alpha)$ よりも次数が低くなるから，$\varphi(\alpha)$ が最低次という仮定に反する．$\sigma(\alpha) = 0$ についても同様である．だから $\varphi(x)$ は既約である．

逆に $f(\alpha) = 0$ ならば，これは $\varphi(\alpha)$ で整除される．なぜなら，$f(x)$ を $\varphi(x)$ で割ると，

$$f(x) = q(x)\varphi(x) + r(x)$$

($r(x)$ は $\varphi(x)$ より低次である．)

$x = \alpha$ を代入すると $\varphi(\alpha) = 0, f(\alpha) = 0$ だから

$$f(\alpha) = q(\alpha)\varphi(\alpha) + r(\alpha)$$

$r(\alpha) = 0$．だからこの $r(\alpha)$ は恒等的に 0 でなければならない．だから

$$f(\alpha) = q(\alpha)\varphi(\alpha)$$

このような α を付加して得られる拡大を**単純代数的拡大**という．

$F(\alpha)$ $(\varphi(\alpha) = 0)$ が単純代数拡大体であるとき，それは具体的にはどのような形の要素からできているだろうか．

F の要素を係数とする多項式 $f(x)$ と $\varphi(x)$ との最大公

約式 $(f(x), \varphi(x))$ を求めてみよう．

そのために互除法を適用してみよう．

互除法は係数に対する加減乗除の計算だけで行なわれるから $(f(x), \varphi(x))$ はやはり F の要素を係数とする多項式である．ところが $\varphi(x)$ は既約であるから，$(f(x), \varphi(x))$ は 1 か $\varphi(x)$ である．$\varphi(x)$ のときは $f(x)$ が $\varphi(x)$ で割り切れるから $f(\alpha) = 0$ となる．$f(\alpha) \neq 0$ のときは $(f(x), \varphi(x)) = 1$ である．

互除法の過程から
$$1 = \rho(x)f(x) + \sigma(x)\varphi(x)$$
となるような，$\rho(x), \sigma(x)$ なる多項式が存在することがわかる．ここで $x = \alpha$ とおくと，
$$1 = \rho(\alpha)f(\alpha)$$
となる．したがって
$$\frac{1}{f(\alpha)} = \rho(\alpha)$$
となる．

α の有理関数 $\dfrac{g(\alpha)}{f(\alpha)}$ を変形していってみよう．

$$\begin{aligned}
\frac{g(\alpha)}{f(\alpha)} &= g(\alpha) \cdot \frac{1}{f(\alpha)} \\
&= g(\alpha) \cdot \rho(\alpha)
\end{aligned}$$

（ここで $\varphi(\alpha)$ で割ると）
$$= q(\alpha)\varphi(\alpha) + r(\alpha)$$
（$r(\alpha)$ は $\varphi(\alpha)$ より次数が低いから）
$$= r(\alpha)$$

したがって，
$$r(\alpha) = c_0 + c_1\alpha + \cdots + c_{n-1}\alpha^{n-1}$$

定理 11 $F(\alpha)$ $(a_0\alpha^n + a_1\alpha^{n-1} + \cdots + a_n = 0)$ は F の単純代数的拡大であるとすると，その要素は
$$c_0 + c_1\alpha + \cdots + c_{n-1}\alpha^{n-1}$$
という形の数の全体である．ここで $c_0, c_1, \cdots, c_{n-1}$ は F の要素である．

§18. 既約多項式による拡大

実数体から複素数体への拡大を"直観的に"とらえるのにもっともよい方法はいうまでもなく，ガウス平面である．1直線上に分布していた1次元の実数を2次元の平面にまで拡大して，その上の点として複素数を考えることは，まことに鮮やかな方法であった．しかし，このような幾何学的手段をかりなくても実数から複素数を考えることはできる．

$R[x]$ という体，すなわち実数を係数とする多項式環を考え，このなかで $\varphi(x) = x^2 + 1$ という既約多項式の倍数

図 4.13

からなるイデアル $(\varphi(x))$ を考えてみよう.

ここで剰余環 $R[x]/(\varphi(x))$ をつくると,それが複素数体にほかならないのである.

この剰余環の任意の類のなかには必ず 1 次の多項式が含まれている.なぜなら任意の多項式 $f(x)$ を x^2+1 で割ってみる.
$$f(x) = q(x)(x^2+1) + (a+bx)$$
このとき,$f(x)$ の属する類には $a+bx$ が含まれている.
$$f(x) \equiv a+bx \pmod{(x^2+1)}$$
同じ類にもう 1 つの 1 次式 $a'+b'x$ があったとき,
$$a+bx \equiv a'+b'x \pmod{(x^2+1)}$$
したがって $a=a', b=b'$ となり,同じ類には 1 次式はただ 1 つしか含まれていないことがわかる.だから,この 1 次式をその類の代表としてえらぶことができる.

加法は
$$(a+bx) \pm (a'+b'x) = (a \pm a') + (b \pm b')x$$
となり,乗法は
$$\begin{aligned}
(a+bx)&(a'+b'x) \\
&= aa' + (ab'+ba')x + bb'x^2 \\
&\quad \text{(これを x^2+1 で割ると)} \\
&= aa' + (ab'+ba')x + bb'(1+x^2) - bb' \\
&= (aa'-bb') + (ab'+ba')x + bb'(x^2+1) \\
&\equiv (aa'-bb') + (ab'+ba')x \pmod{(x^2+1)}
\end{aligned}$$
このようにすれば,$a+bx$ という 1 次式のあいだの加減乗の演算が定義されたことになる.

また $a+bx \neq 0$ ならば
$$(a+bx)(a-bx) = a^2 - b^2x^2 = a^2 - b^2(1+x^2) + b^2$$
$$\equiv a^2 + b^2 \pmod{(x^2+1)}$$
a^2+b^2 は $a=b=0$ でない限り 0 でないから
$$(a+bx)\left(\frac{a}{a^2+b^2} - \frac{b}{a^2+b^2}x\right) = 1$$
となる．だから $a+bx$ の逆元は $\dfrac{a}{a^2+b^2} - \dfrac{b}{a^2+b^2}x$ となる．

このようにして $R[x]/(x^2+1)$ は体であることがわかる．

以上の論法にはガウス平面のような直観的手段は一切用いられていないことに注意してほしい．ただ手がかりは既約多項式 (x^2+1) だけであった．

そして，そこで得られた加減乗除のルールは $a+bi$ という表わし方をしたときとまったく同じになった．

この方法は，何らの直観的手段をもかりることなしに実数体から複素数体を構成してみせたことになる．複素数体の計算は実数体の計算の組合わせによって得られたわけである．すなわち，実数体から純粋に構成されたわけである．

このことを一般化してみよう．

体の拡大にさいして，ガウス平面のような都合のよい方法があるとは限らない．そのようなときはやはり，構成的方法に頼らざるを得ない．そのためには既約多項式を手がかりとする拡大を一般化しておく必要がある．

§18. 既約多項式による拡大

　たとえば，有理数体 P のなかで多項式 $\varphi(x)=x^2-x-1$ を考えると，これは P のなかで既約であることはたやすくわかる．

　この $\varphi(x)=x^2-x-1$ をもとにして新しく拡大体を構成してみよう．

　$P(x)/(x^2-x-1)$ の各要素が $a+bx$ という１次式で表わされることは前と同じである．２つの要素の和は
$$(a+bx)\pm(a'+b'x) = (a\pm a')+(b\pm b')x$$
という形で行なわれる．

　乗法は
$(a+bx)(a'+b'x)$
$= aa'+(ab'+ba')x+bb'x^2$
　　（ここで x^2-x-1 で割ると）
$= aa'+(ab'+ba')x+bb'(x^2-x-1)+bb'(x+1)$
$\equiv (aa'+bb')+(ab'+ba'+bb')x \quad (\mathrm{mod}\ (x^2-x-1))$
となる．

　ここでさらに一歩すすんで考えてみよう．

　以上の論法で x という文字はどのような役割を演じただろうか．それはただ P の要素の組のあいだに加減乗の演算を導入するだけに終っていることである．

　だから $a+bx$ の代わりに $[a,b]$ という係数の組すなわち２次元のベクトルを考えると x は消失してしまう．そして加法は
$$[a,b]+[a',b'] = [a+a',b+b']$$
乗法は

$$[a, b] \cdot [a', b'] = [aa'+bb', ab'+ba']$$

と定義すれば，x は定義の字面から消えてしまう．だから"x とは何か"という問いは無意味になり，それは 2 次元のベクトルのあいだに加減乗の演算を定義したら，舞台から姿を消してしまうのである．これは化学における触媒が，他の物質の化学反応を引き起こしておいて最後には姿を消してしまうようなものである．

例 10 有理数体 P を多項式 $\varphi(x) = x^3 - x - 1$ によって拡大せよ．

解 まず $x^3 - x - 1$ が既約であることを示そう．可約であるとすると，1 次式と 2 次式に分かれる．

$$\varphi(x) = x^3 - x - 1 = (x-\alpha)(x^2 + \beta x + \gamma)$$

このとき α は整数でなければならない．しかも 1 の約数でなければならないから $\alpha = +1$ か $\alpha = -1$ である．どちらに対しても

$$\varphi(\alpha) \neq 0$$

だから $\varphi(x)$ は既約である．

$P(x)/(\varphi(x))$ の要素はすべて $c_0 + c_1 x + c_2 x^2$ という 2 次式で表わされる．加法，減法は

$$(c_0 + c_1 x + c_2 x^2) \pm (c_0' + c_1' x + c_2' x^2)$$
$$= (c_0 \pm c_0') + (c_1 \pm c_1')x + (c_2 \pm c_2')x^2$$

乗法は

$$(c_0 + c_1 x + c_2 x^2)(c_0' + c_1' x + c_2' x^2)$$
$$= c_0 c_0' + (c_0 c_1' + c_1 c_0')x + (c_0 c_2' + c_1 c_1' + c_2 c_0')x^2$$
$$+ (c_1 c_2' + c_2 c_1')x^3 + c_2 c_2' x^4$$

$$\begin{aligned}
&= c_0c_0{}' + (c_0c_1{}' + c_1c_0{}')x + (c_0c_2{}' + c_1c_1{}' + c_2c_0{}')x^2 \\
&\quad + (c_1c_2{}' + c_2c_1{}')(x^3 - x - 1 + x + 1) \\
&\quad + c_2c_2{}'x(x^3 - x - 1 + x + 1) \\
&\equiv c_0c_0{}' + (c_0c_1{}' + c_1c_0{}')x + (c_0c_2{}' + c_1c_1{}' + c_2c_0{}')x^2 \\
&\quad + (c_1c_2{}' + c_2c_1{}')(x + 1) + c_2c_2{}'(x^2 + x) \\
&\equiv (c_0c_0{}' + c_1c_2{}' + c_2c_1{}') + (c_0c_1{}' + c_1c_0{}' + c_1c_2{}' \\
&\quad + c_2c_1{}' + c_2c_2{}')x + (c_0c_2{}' + c_1c_1{}' + c_2c_0{}' + c_2c_2{}')x^2
\end{aligned}$$

以上のようにかなりこみ入っているが，ここでも x はやはり触媒のような役割を演じているだけである．

§19. 分解体

必ずしも F で既約であるとは限らない多項式を $f(x)$ とする．

この $f(x)$ を1次式の積に完全に分解するような F の拡大体が存在することを示そう．

$f(x)$ を既約の因子に分解したとき，すべてが1次の因子に分解したら，そこで止めることができる．その1つの因子 $\varphi_1(x)$ が1次以上であるものとしよう．この $\varphi(x)$ によって，F は拡大され，それを F' としよう．$\varphi_1(x)$ はこの F' において少なくとも1次の因子 $(x - \alpha_1)$ をもつ．
$$f(x) = (x - \alpha_1)f_1(x)$$
としたとき，$f_1(x)$ を F' で既約の因子に1次より高いものがあったらそれを $\varphi_2(x)$ として，この $\varphi_2(x)$ によって F' を拡大する．このように拡大をつづけていくと，最後には F^* が得られ，F^* では

$$f(x) = (x-\alpha_1)(x-\alpha_2)\cdots(x-\alpha_n)$$
という形に分解される．

このような F^* を $f(x)$ の**分解体**という．

定理 12 体 F の多項式 $f(x)$ には必ず分解体が存在する．

§20. 有限体

従来われわれのよく知っている体は有理数体，実数体，複素数体であった．これらはすべて無限の要素をもつ無限体であった．

ところが素体には素数 p の個数をもつ有限体が出現してきた．このような有限体ははじめてガロアによって研究されたので Galois field という名前がついているほどである．このような有限体を K で表わしてみよう．

まず第一にいえることは有限体の標数は素数 p であるということである．標数 0 なら，それは無限体となってしまうからである．

K の標数を p とすると，K の任意の要素 a は p 個加えると 0 になる．

$$\underbrace{a+a+\cdots+a}_{p} = ea+ea+\cdots+ea = (\underbrace{e+e+\cdots+e}_{p})a$$

(ここで $\underbrace{e+e+\cdots+e}_{p} = 0$ だから)

$$= 0$$

K の加法の群を考えると，これは可換群であるから素数の累乗を位数とする巡回群の直和として表わされる．(p. 140 定理 20)

その巡回群の 1 つに p と異なる q の累乗を位数とするものがあったら，その生成元 a は
$$\underbrace{a+a+\cdots+a}_{p}=0$$
とはなり得ない．

したがって，そこに出てくる巡回群の位数はすべて p の累乗である．したがってその加群の位数は p の累乗である．したがってつぎの定理が得られた．

定理 13 有限体の位数は 1 つの素数 p の累乗 p^n である．

したがって位数 $6=2\cdot3$ の有限体などは存在しないのである．K が位数 p^n の有限体ではもちろん，0 以外の要素は乗法群をつくる．その位数はもちろん p^n-1 である．

だから，K の任意の要素 x は
$$x^{p^n-1}=e$$
を満足する．

定理 14 位数 p^n の有限体の 0 以外の要素はすべて
$$x^{p^n-1}=e$$
を満足する．

0 をさらにつけ加えると

定理 15 その有限体のすべての要素は
$$x^{p^n}=x \text{ もしくは } x^{p^n}-x=0$$

を満足する.

p^n 次の多項式 $x^{p^n}-x$ の p^n 個の根は K のすべての要素と一致する. だから
$$x^{p^n}-x = (x-\alpha_1)(x-\alpha_2)\cdots$$
としたとき, $\alpha_1, \alpha_2, \cdots, \alpha_{p^n}$ が K と一致するわけである.

換言すれば K は多項式 $x^{p^n}-x$ の分解体である.

もう1つ同じ位数 p^n をもつもう1つの有限体 K' があるとき, これはやはり同じ多項式 $x^{p^n}-x$ の分解体とみることができる.

この分解の過程は同じにやっていくことができるから, そのとき, K と K' は同型であることがわかる. したがってつぎの定理が得られる.

定理16 位数の等しい有限体は同型である.

群では位数が等しくても同型でない例がいくらでもあったが, 有限体では位数からその代数的構造がただ1通りにきまってしまうのである.

したがって位数 p^n の有限体を習慣にしたがい $GF(p^n)$ と書くことにすると, そのような $GF(p^n)$ はただ1つしかないことになる.

では任意の素数の累乗 p^n を与えたとき, $GF(p^n)$ という有限体が存在するだろうか.

まず $GF(p^n)$ の多項式 $x^{p^n}-x$ を考えて, この多項式の分解体を K としよう. この K のなかで $x^{p^n}-x$ の根となる要素を K' とする.

そのとき K' は体をなすことを示そう.

$$\alpha, \beta \in K'$$

とすると,

$$\alpha^{p^n} - \alpha = 0, \quad \beta^{p^n} - \beta = 0$$

したがって

$$\alpha^{p^n} \pm \beta^{p^n} = \alpha \pm \beta$$

標数 p の体では $(x \pm y)^p = x^p \pm y^p$ が成立するから, これを繰り返してあてはめると,

$$(\alpha \pm \beta)^{p^n} = \alpha^{p^n} \pm \beta^{p^n} = \alpha \pm \beta$$

したがって $\alpha \pm \beta$ もやはり $x^{p^n} - x = 0$ の根である. したがって

$$\alpha \pm \beta \in K'$$

また

$$(\alpha\beta)^{p^n} = \alpha\beta$$

も明らかであるから

$$\alpha\beta \in K'$$

また $\alpha \neq 0$ のときは

$$\alpha^{p^n-1} = e$$

で,これから

$$(\alpha^{-1})^{p^n-1} = e$$

となるから,

$$\alpha^{-1} \in K'$$

だから K' は体であり,そしてその位数は p^n である.

定理17 任意の素数の累乗 p^n を位数にもつ有限体 $GF(p^n)$ は必ず存在する.

つぎに $GF(p^n)$ の乗法群の構造をしらべてみよう.

その位数は p^n-1 であるが，この可換群を巡回群に分解したとき1つの素数 q の累乗を位数とする巡回群が m 個あって，その生成元は

$$a_1, a_2, \cdots, a_m$$

位数は

$$q^{l_1}, q^{l_2}, \cdots, q^{l_m}$$

であるとする．そのとき，
$$x = a_1^{r_1 q^{l_1-1}} a_2^{r_2 q^{l_2-1}} \cdots a_m^{r_m q^{l_m-1}}$$
$$(0 \leq r_i < q) \quad (i=1,2,\cdots,m)$$

という形の要素は q^m 個あって，しかも $x^q-e=0$ を満足する．ところが $GF(p^n)$ は体であるから q 次の多項式 x^q-e は q 以上の個数の根を有することはない．だから $m=1$ でなければならない．

このことは p^n-1 の素因数にすべていえるから，0 を除いた $GF(p^n)$ の乗法群は異なる素数の累乗を位数とする巡回群の直積である．このような群は定理21によってまた巡回群である．

$GF(p)$ は $Z/(p)$ と同型であるから乗法群の生成元となるものがあることになった．それを p の原始根とよんでいる．

例11 $p=7$ に対する原始根をもとめよ．

解 $0,1,2,3,4,5,6$ のなかで x^6 ではじめて1に合同となるものを探せばよい．

$$1^1 \equiv 1$$
$$2^2 \equiv 4, \quad 2^3 \equiv 1 \pmod{7}$$

$$3^2 \equiv 9 \equiv 2$$
$$3^3 \equiv 6 \equiv -1$$
$$3^4 \equiv -3 \equiv 4$$
$$3^5 \equiv 12 \equiv 5$$
$$3^6 \equiv 15 \equiv 1$$

すなわち 3 が原始根である．

例 12 $GF(3^2)$ を構成してみよ．

解 $p=3$ に対してまず $GF(3)$ から出発する．これは mod 3 による剰余類 $\{0,1,2\}$ を考えてもよいが，ここでは便利のために
$$GF(3) = \{0, 1, -1\}$$
とする．ここで既約な 2 次の多項式として $x^2+1 = \varphi(x)$ をえらぶ．

ここで $a+bx$ という 1 次の多項式どうしの加減乗除は，
$$(a+bx)+(a'+b'x) = (a+a')+(b+b')x$$
$$\begin{aligned}(a+bx)(a'+b'x) &= aa'+(ab'+ba')x+bb'x^2\\ &= aa'+(ab'+ba')x+bb'(x^2+1-1)\\ &\equiv (aa'-bb')+(ab'+ba')x\end{aligned}$$

また $a+bx$ の逆元は
$$\frac{a}{a^2+b^2} - \frac{b}{a^2+b^2}x$$
である．

$GF(p^n)$ の内部で $\varphi(x) = x^p$ という写像を考えると，これは前にも述べたように

$$\varphi(a\pm b) = \varphi(a)\pm\varphi(b)$$
$$\varphi(ab) = \varphi(a)\varphi(b)$$
$$\varphi(a^{-1}) = \varphi(a)^{-1}$$

という1対1対応,すなわち,$GF(p^n)$ の自己同型を引き起こす.このとき,ある b に対する

$$\varphi(a) = a^p = b$$

となる a は1つあって,しかも1つあるからこの a を $b^{\frac{1}{p}}$ で表わすことができる.

§21. 体の代数的拡大

F の既約多項式 $\varphi(x)$ があればこれによって,F の拡大が可能であるが,$\varphi(x)$ ははたして重複根をもち得るだろうか.

そのために $\varphi(x)$ の形式的な微分を考えてみよう.

一般の多項式

$$a_0 x^n + a_1 x^{n-1} + \cdots + a_n$$

から

$$na_0 x^{n-1} + (n-1)a_1 x^{n-2} + \cdots + a_{n-1}$$

をつくることを形式的な微分という.

$$\frac{d}{dx}x^n = nx^{n-1}$$

$$\frac{dx^{m+n}}{dx} = (m+n)x^{m+n-1}$$
$$= mx^{m-1} \cdot x^n + nx^{n-1} \cdot x^m$$

$$= \frac{dx^m}{dx} \cdot x^n + x^m \frac{dx^n}{dx}$$

この法則を一般の多項式に適用すると，

$$\frac{d(f(x)g(x))}{dx} = \frac{df(x)}{dx} \cdot g(x) + f(x)\frac{dg(x)}{dx}$$

となる．この規則を一般の多項式にあてはめると，$f(x)$ が $(x-\alpha)^2$ という因子をもてば

$$\frac{df(x)}{dx} = \frac{d(x-\alpha)^2 g(x)}{dx}$$
$$= 2(x-\alpha)g(x) + (x-\alpha)^2 \frac{dg(x)}{dx}$$

となるから

$$f(\alpha) = f'(\alpha) = 0$$

となる．ここで $(f(x), f'(x))$ をつくると，それは $(x-\alpha)$ という因数をもつ．これは $f(x)$ が既約であるという仮定によって不可能である．だから

$$f'(x) = 0$$

でなければならない．その体の標数が p のとき，

$$f'(x) = na_0 x^{n-1} + \cdots$$

ここで $a_0 \neq 0$ なら n は p で割れねばならない．したがって，x^p の累乗だけが現われることになる．そのとき，$f(x) = \varphi(x^p)$ となる．そうでないときは $f(x)$ は重複根を有しない．

標数が 0 のときは既約多項式はすべて重複根を有しない．

重複根を有しない既約多項式の根を**分離的**といい，重複根を有する既約多項式の根となっているものを**非分離的**という．

ある体の拡大体の要素がすべて分離的であるとき，分離的拡大といい，そうでないとき非分離的であるという．これからのべようとするガロアの理論は分離的拡大に関するものである．

§22. 完全体

ある体 F の上のすべての既約多項式が重複根を有しないとき，F は**完全体**という．

まず第一にいえることは標数 0 の体は完全である．それは $f(x)$ から $f'(x)$ をつくったとき，恒等的に 0 となることはないから $(f(x), f'(x))$ は 1 次以上の多項式ではあり得ないからである．

つぎに標数 p の体である既約多項式が**重複根**を有するにはそれが x^p の関数の形 $\varphi(x^p)$ になるべきであった．

もし F のなかのある要素 a が他の要素の p 乗根でなければ
$$x^p - a$$
は F の中では既約であり，p 重根をもつ．

また，あらゆる要素に p 重根があれば
$$\begin{aligned}
\varphi(x^p) &= a_0 x^{np} + a_1 x^{(n-1)p} + \cdots \\
&= b_0^p x^{np} + b_1^p x^{(n-1)p} + \cdots \\
&= (b_0 x^n + b_1 x^{n-1} + \cdots)^p
\end{aligned}$$

となり既約ではなくなる．

だから F のあらゆる要素に p 乗根の存在するとき，既約多項式は重複根を有することはない．

だからつぎのようにいうことができる．

標数 0
p 乗根が常に存在する ＼}完全
p 乗根が存在しない要素がある} 不完全

有限体ではすべての要素の p 乗根が存在するので，完全体である．

§23. 原始要素

定理 18 $f(\alpha_1, \alpha_2, \cdots, \alpha_h)$ で，$\alpha_1, \alpha_2, \cdots, \alpha_h$ がそれぞれ F に対して分離的な要素であるとき，これら h 個の付加を行なう代わりにある 1 つの要素 θ の付加によって拡大を行なうことができる．このような θ を $F(\theta)$ の**原始要素**という．

すなわち
$$F(\alpha_1, \alpha_2, \cdots, \alpha_h) = F(\theta).$$

証明 まず h の代わりに 2 であるとして $F(\alpha, \beta)$ の場合を考えてみよう．ただし α, β のうち一方の β が分離的だとしよう．

$f(\alpha) = 0$, $g(\beta) = 0$ はともに既約であるとしよう．

F を拡大していって $f(x)$ と $g(x)$ の双方が完全に 1 次式に分離するようにする．こうした F の拡大体における $f(x)$ の根を $\alpha_1, \alpha_2, \cdots, \alpha_r$, $g(x)$ の根を $\beta_1, \beta_2, \cdots, \beta_s$ とす

る．ここで $\alpha = \alpha_1, \beta = \beta_1$ とする．

F はここで無限の要素を含むとしよう．
$$\alpha_i + c\beta_k \quad (i=1,2,\cdots,r,\ k=1,2,\cdots,s)$$
がすべて異なるように F のなかに c を選ぶことができる．それは F が無限だから可能である．

このようなものの1つを $\theta = \alpha_1 + c\beta_1 = \alpha + c\beta$ とすると，この θ はもちろん $F(\alpha, \beta)$ の要素である．
$$g(\beta) = 0$$
$$f(\alpha) = f(\theta - c\beta) = 0$$
の係数は $F(\theta)$ に属している．ここで $g(x), f(\theta - cx)$ は $x = \beta$ という共通根をもっている．なぜなら $g(x)$ の他の根 $\beta_2, \beta_3, \cdots, \beta_s$ については
$$\theta - c\beta_k \neq \alpha_i \quad (k=2,3,\cdots,s)$$
だからである．

だから $g(x)$ と $f(\theta - cx)$ の最大公約式を互除法で求めると，その係数は $F(\theta)$ に含まれている．だから β は $F(\theta)$ に含まれる．$\alpha = \theta - c\beta$ だから α も $F(\theta)$ に含まれる．だから
$$F(\alpha, \beta) = F(\theta)$$
ここで $\alpha_1, \alpha_2, \cdots, \alpha_h$ についてはじめの2つずつを1つの原始要素で押さえていくと，ついにただ1つの要素で置き換えることができる．

F が有限個の要素しかもっていなかったら，$F(\alpha, \beta)$ もやはり有限体であるから，それは1つの原始根の累乗で表わされ，もちろんこの定理は正しい． （証明終り）

第4章　練習問題

1. 多項式 x^3-x-3 は有理数体において既約であることを確かめ，その根を付加した体の構造を定めよ．
2. $(2,2)$ 型の可換群の自己準同型環をもとめよ．
3. 位数 n の巡回群の自己準同型環を定めよ．

第5章 ガロアの理論

§1. 歴史的考察

かつて代数学のもっとも重要な課題は代数方程式

$$a_0 x^n + a_1 x^{n-1} + \cdots + a_{n-1} x + a_n = 0 \quad (a_0 \neq 0)$$

を解くことであった．今日でもそれが唯一最大の課題であるとはいえないが，依然として重要であることに変わりはない．

1次方程式

$$a_0 x + a_1 = 0$$

の解法はおそらく遠い昔に知られていたであろう．

2次方程式

$$a_0 x^2 + a_1 x + a_2 = 0$$

となると，おそらく，それはアラビアの数学者アル・クワリズミの時代まで待たねばならなかった．

3次方程式になると，ペルシアの大数学者ウマル・ハイヤーム（O. Khayyám, 1040?-1123(24)）が円と放物線の交点を求めるという幾何学的方法によって1つの解法に達した．

本格的な解法は16世紀のイタリアにおいて発見された．それについてはフェロ（S. Ferro, 1465-1526），タル

タリア（N. Tartaglia, 1506-57），カルダノ（G. Cardano, 1501-76）等の名が思い出される．そしてここではじめて虚数の必要性が予感されたのである．

4次方程式はカルダノの弟子フェラリ（L. Ferrari, 1522-65）によってはじめてその解法が発見されたのである．

つぎの5次方程式は野心的な数学者の登頂目標となった．しかし，それには誰ひとりとして成功しなかった．

そこで，1つの反省が生まれた．4次方程式までは $+, -, \times, \div$ と累乗根 $\sqrt[n]{}$ によって解けたのであるが，5次までくると，$+, -, \times, \div$ と $\sqrt[n]{}$ だけで解くことは不可能ではないか，という疑惑が発生したのである．

この問題に完全な解答を与えたのはガロアであり，そのために生まれてきたのが**ガロアの理論**であった．

ガロアの理論が代数学のもっとも重要な理論であることはいうまでもない．しかし，それの思考方法は代数学の枠を越えて，数学の全領域にひろがっていった．

ガロアの方法とは大まかにいってどのようなものであろうか．

代数方程式
$$a_0 x^n + a_1 x^{n-1} + \cdots + a_{n-1} x + a_n = 0$$
のすべての根を求めるのがその目標であるが，まず係数を含む体 F から出発していき，それを $F', F'', \cdots$ としだいに拡大していって，すべての根を含む体を構成しようというのである．拡大のしかたは無数にあるが，ガロアの理論はガロア群という羅針盤によって，迷うことなく目標に到

§2. 体の条件

ガロアの理論を適用するには体にいくらかの条件を付けねばならない．

それはまず，出発点となる体，すなわち基礎体 K があり，その上に有限次の分離的な拡大体 Σ があるとしよう．

$$K \subset \Sigma$$

そして K の既約多項式が Σ のなかに1つの根をもてば，その多項式は Σ のなかで完全に1次式の積に分解するものとする．このような Σ を K に対して**ガロア拡大体**という．もしくは**正規拡大体**ともいう．

$\varphi(x)$ を K の r 次の既約多項式として，Σ の要素 α を根にもてば

$$\varphi(x) = (x-\alpha)(x-\alpha')\cdots(x-\alpha^{(r-1)})$$

となるから，$\alpha', \alpha'', \cdots, \alpha^{(r-1)}$ はすべて Σ に属する．Σ は有限分離的だからただ1つの原始要素 θ によって K から Σ までの拡大が一挙に行なわれる．

$$\Sigma = K(\theta)$$
$$[\Sigma : K] = n$$

とすると，θ の満足する n 次の既約多項式を $f(\theta)$ とすると，

$$f(x) = (x-\theta)(x-\theta')\cdots(x-\theta^{(n-1)})$$

となり，$\theta', \theta'', \cdots, \theta^{(n-1)}$ はすべて Σ に属する．

K の各要素を動かさないで Σ の要素を自己同型に写す

写像の 1 つを ρ とすると,α, β が Σ の要素であるとき,
$$\rho(\alpha \pm \beta) = \rho(\alpha) \pm \rho(\beta)$$
$$\rho(\alpha \cdot \beta) = \rho(\alpha)\rho(\beta)$$

K の要素 a に対しては
$$\rho(a) = a$$
ρ は θ に施すと $\rho(\theta)$ となる.
$$\varphi(\theta) = a_0\theta^n + a_1\theta^{n-1} + \cdots + a_n = 0$$
の両辺に ρ を施すと
$$\rho(a_0\theta^n + a_1\theta^{n-1} + \cdots + a_n) = \rho(0)$$
0 は K に属するから $\rho(0) = 0$. 自己同型の条件によって,
$$\rho(a_0\theta^n) + \rho(a_1\theta^{n-1}) + \cdots + \rho(a_n) = 0$$
$$\rho(a_0)\rho(\theta)^n + \rho(a_1)\rho(\theta)^{n-1} + \cdots + \rho(a_n) = 0$$
$a_0, a_1, a_2, \cdots, a_n$ は K の要素だから,$\rho(a_i) = a_i$ ($i = 0, 1, \cdots, n$)
$$a_0\rho(\theta)^n + a_1\rho(\theta)^{n-1} + \cdots + a_n = 0$$
だから $\rho(\theta)$ は $\varphi(x) = 0$ の根である.すなわち $\theta, \theta', \theta'', \cdots, \theta^{(n-1)}$ のうちの 1 つである.
$$\rho(\theta) = \theta^{(r)}$$
つまり ρ は θ を共役数の 1 つに置き換えることになった.したがって
$$\rho_0(\theta) = \theta$$
$$\rho_1(\theta) = \theta'$$
$$\cdots\cdots$$
$$\rho_{n-1}(\theta) = \theta^{(n-1)}$$
なる n 個の自己同型が存在する.

§2. 体の条件

$\Sigma = K(\theta)$ のすべての要素 α は θ の有理式 $f(\theta)$（K の要素を係数とする）で表わされる.
$$\alpha = f(\theta)$$
両辺に自己同型 ρ を施すと
$$\rho(\alpha) = \rho(f(\theta)) = f(\rho(\theta))$$
となるから, ρ は Σ のすべての要素の自己同型を引き起こす.

$$\rho_0, \rho_1, \cdots, \rho_{n-1}$$

2つの自己同型を引き続いて行なうとやはりまた自己同型であるし, 逆もやはり自己同型であるからこの自己同型の全体は群をつくる. これを**ガロア拡大体 Σ/K のガロア群**という. そしてこのガロア群の位数は Σ/K の拡大次数に等しい.

Σ の1つの要素 α が K の既約多項式 $\varphi(x)$ の根であるとき,
$$\varphi(\alpha) = 0.$$
$\varphi(\alpha)$ は Σ が分離的であることから重複根を有しない. それらを $\alpha, \alpha', \cdots, \alpha^{(r-1)}$ とすると, それらは α の自己同型写像に写される共役要素である. だから $\varphi(x)$ の次数は α の異なる共役要素の個数に等しい.

もし α がガロア群をつくるあらゆる自己同型によって不変ならば $r=1$ であり, $\varphi(x)$ も1次であり, したがって $\varphi(\alpha)=0$ も1次で, α は K に属する.

定理1 Σ/K のガロア群のすべての自己同型によって不変な Σ の要素は K に属する.

図5.1

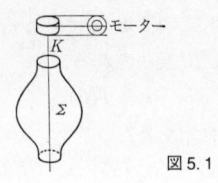

たとえていうと，ガロア群とはつぎのようなものであろうか．回転体 Σ があり，それは中心線 K のまわりに自由に回転できるものとする．そのとき回転という操作によって K 上の点は動かないが，Σ の点は内部で移る．しかし全体として Σ は自分自身の内部で動く．そのとき，回転を起こすために中心の軸にモーターを連結しておく．このときのモーターに当たるのがガロア群であるといってよいだろう．

§3. ガロアの理論の基本定理

ガロア拡大体とそのガロア群 G のあいだには緊密な関係がある．そのことを明らかにしているのが次の定理である．

それは Σ/K の中間にある部分体とガロア群 G の部分群とのあいだに1対1の対応が存在することを主張するものである．

定理2（基本定理） 1 Σ と K の中間にある体 Δ ($\Sigma \supseteq \Delta \supseteq K$) を動かさないようなガロア群の要素全体の集合は G の部分群 H である．またこの H によって動かさ

れないような Σ の要素全体はもとの Δ に一致する.

2 逆に G の部分群 H によって動かされない Σ の要素全体は Σ の部分体をなし,この部分体を動かさない G の要素の全体はもとの H に一致する.

証明 1 Δ を中間体とすると, Σ は Δ の上でもガロア拡大体である.なぜなら Δ の上での θ の共役要素は H によって移ったものであり,それはみな異なっているから Σ/Δ の次数は H の位数に等しい.だから Σ/Δ のガロア群は H である.

2 定理1によると,H によって動かされない要素は Δ に属するから,G の部分群を $H=\{\sigma_1,\sigma_2,\cdots,\sigma_h\}$ とし,H によって動かされない Σ の要素の全体を Δ とすると,H が自己同型であることから Δ は部分体である.Δ を動かさない G の要素の全体 H' は H を含んでいる.

$$H \subseteq H'$$

だから

$$[\Sigma:\Delta] \geq h$$

Σ/Δ のガロア群 H' の位数は $[\Sigma:\Delta]$ に等しい.

$\Sigma=\Delta(\theta)$ とすると,

$$(x-\sigma_1(\theta))(x-\sigma_2(\theta))\cdots(x-\sigma_h(\theta))$$
$$= x^n - \{\sigma_1(\theta)+\sigma_2(\theta)+\cdots+\sigma_h(\theta)\}x^{n-1}+\cdots$$

この係数は H によって不変である.だから,これは Δ を係数とする多項式であり,θ が Δ の上でたかだか h 次であることを示している.

$$[\Sigma:\Delta] \leq h$$

上の結果と比較すると
$$[\Sigma : \Delta] = h$$
$$H' = H. \qquad \text{(証明終り)}$$

基本定理の意味 この基本定理によって Σ/K の部分体とそのガロア群の部分群とのあいだに完全な1対1対応が成り立つことがわかった.もちろん部分群のあいだの $\subseteq$ の関係は部分体のあいだでは逆の $\supseteq$ になることはいうまでもない.

体 Σ/K のほうを考えると,それは地上に生えている大木に似ているともいえよう.基礎体は木の根に当たる.ガロア群は木を揺さぶる外からの力にもくらべることができよう.ガロア群のいかなる自己同型写像によっても動かないのが木の根に当たる基礎体である.上にいけばいくほど動きやすくなっているのも木と同じである.だから Σ などは木の梢のようなものであろうか.

だからガロア群によって動きにくい所ほど根に近く,動きやすいところほど梢に近くなっているといえるだろう.

このようにガロアの理論は体 Σ/K という代数的構造の秘密を探るのに,まずそれを揺さぶってみるという考え方にもとづいているのである.揺さぶってみて,それの秘密を明らかにしていき,そこから解法のアルゴリズムを発見していこうというのである.

この考え方はより広汎な見通しを与えるものである.ここにガロアの理論のもつ射程の大きさがあるともいえよ

う．

§4. 有限体の場合

有限体 $GF(p^m)$ は $GF(p)$ の拡大体と考えてよいだろう．
$$GF(p) \subseteqq GF(p^m)$$
$GF(p^m)$ のなかで
$$\sigma(a) = a^p$$
という写像を考えると，この σ は $GF(p^m)$ の自己同型であって，基礎体 $GF(p)$ の要素はフェルマの定理
$$x^p = x$$
によって変えないし，逆に σ によって変わらないのは $GF(p)$ だけである．この自己同型 σ の累乗がまた自己同型でそれらが，群をつくる．
$$C_m = \{e, \sigma, \sigma^2, \cdots, \sigma^{m-1}\} \quad (\sigma^m = e)$$
すなわち，m 次の巡回群である．

この部分群は r が m の約数であるとき，
$$\{e, \sigma^r, \sigma^{2r}, \cdots\}$$
は部分群をつくる．
$$\sigma^r(a) = a^{p^r}$$
である．これによって変わらない要素の全体は
$$\sigma^r(a) = a, \quad a^{p^r} = a, \quad a^{p^r} - a = 0$$
となり，これは p^r 個である．

つまり σ^r によって変わらない体は $x^{p^r} - x = 0$ の根であり，全体で p^r 個ある．このようにして G の部分群と

Σ の部分体との1対1対応が得られる．

$GF(p^{12})$ についてみると，12の約数の数は6個ある．$C(\sigma^2)$ は σ^2 で生成される巡回群とする．

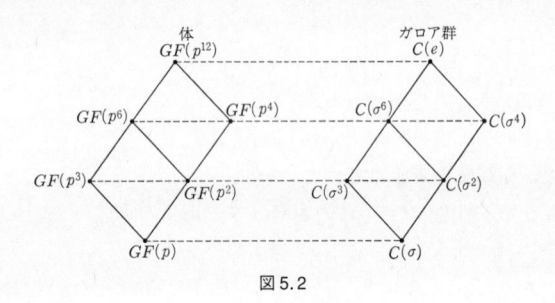

図5.2

§5. 共役体

ガロア拡大体 Σ/K のガロア群を G としよう．K と Σ との中間体 Δ が K に β を付加した体 $K(\beta)$ であるとしよう．$K(\beta)$ を動かさない自己同型のつくる群 H はもちろん $K(\beta)$ の原始要素 β を動かさない自己同型の全体である．

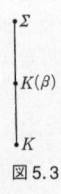

図5.3

§5. 共役体

H 以外の G の自己同型 τ は β をその共役要素 β' に写す.

$$\beta \longrightarrow \beta'$$

このように β を β' に写す自己同型の全体は τH である.

一般に H の剰余類は β をただ1つの共役要素に写す. ρ, τ が β を同じ共役要素 β' に写すとすれば

$$\beta \xleftarrow{\tau^{-1}} \beta' \xleftarrow{\rho} \beta$$

となるから, $\tau^{-1}\rho$ は β を β に写すから H に属する. だから

$$\tau^{-1}\rho \in H$$
$$\rho \in \tau H.$$

また τH に属するものは

$$\beta' \xleftarrow{\tau} \beta \xleftarrow{H} \beta$$

となり β を同じ β' に写す. だから β の共役要素の個数は G における H の剰余類の個数に等しい. つまり G における H の指数 $[G:H]$ である.

β の共役要素 $\tau\beta$ を動かさない G の自己同型 σ を求めてみよう.

$$\tau(\beta) \longrightarrow \tau(\beta)$$
$$\sigma\tau(\beta) \longrightarrow \tau(\beta).$$

したがって, $\tau^{-1}\sigma\tau(\beta) \longrightarrow \beta$ だから,

$$\tau^{-1}\sigma\tau \in H$$

したがって

$$\sigma \in \tau H \tau^{-1}$$

逆に $\tau H \tau^{-1}$ は $\tau\beta$ を $\tau\beta$ に写す.

$$\tau H \tau^{-1}(\tau\beta) = \tau H(\beta) = \tau(\beta)$$

したがって $K(\tau\beta)$ に対応する群は $\tau H \tau^{-1}$ である．

ここで $K(\beta)$ の共役体とそれに対応するガロア群の部分体を列挙すると，

$$\begin{array}{ccc} K(\beta), & K(\tau\beta), & K(\tau'\beta), \cdots \\ | & | & | \\ H & \tau H \tau^{-1} & \tau' H \tau'^{-1} \end{array}$$

ここで $K(\beta), K(\tau\beta), K(\tau'\beta), \cdots$ が一致するためには，ガロアの基本定理によって，それに対応する部分群がすべて一致しなければならない．つまり H は G の正規部分群でなければならない．また逆に H が正規部分群ならば $K(\beta), K(\tau\beta), K(\tau'\beta), \cdots$ は一致する．

G の中での1つの H の剰余類が β を他の共役要素に写すことがわかった．だから G/H の各々の類が β の置換に対応する．だから，ガロア拡大体 Δ/K のガロア群は G/H である．すなわち

定理3 H は Σ/K のガロア群 G の正規部分群であるとき，H に対応する部分体 Δ は K の上で正規で，Δ/K のガロア群は G/H である．

§6. ガロア群が巡回群のとき

a が体 K に属するとき，$x^n - a = 0$ $(a \neq 0)$ という方程式はふつう $\sqrt[n]{}$ で解けることになっているが，これにガロアの理論を適用してみよう．

ここで K は1の n 乗根を含み，n は K の標数で割り

切れないものと仮定する．そのときは，
$$f(x) = x^n - 1 = 0, \ f'(x) = nx^{n-1}$$
であり，n が p で割り切れなければ重根をもつことはない．だから 1 の n 乗根はみな異なる．

この方程式の 1 つの根を α とすると，他の根は
$$\zeta\alpha, \zeta^2\alpha, \cdots, \zeta^{n-1}\alpha$$
である．ζ は $\zeta^n = 1$ であり，n より小さな r では $\zeta^r = 1$ とはならないものとする．

これらの根はすべて α から K の要素 ζ^r を掛けることによって得られるから，$K(\alpha), K(\zeta\alpha), \cdots, K(\zeta^{n-1}\alpha)$ は同じ体である．

$\alpha \longrightarrow \zeta^r\alpha$ という自己同型と $\zeta \longrightarrow \zeta^s\alpha$ という自己同型を 2 度引きつづいて行なうと，
$$\alpha \longrightarrow \zeta^r\zeta^s\alpha = \zeta^{r+s}\alpha$$
となるから，自己同型は $1, \zeta, \zeta^2, \cdots, \zeta^{n-1}$ の乗法群と同型である．

ところで $1, \zeta, \zeta^2, \cdots, \zeta^{n-1}$ の乗法群は巡回群である．したがって，$x^n - a = 0$ のガロア群は位数 n の巡回群である．

定理 4 K の標数が n を整除することなく，1 の n 乗根をすべて含んでいるとき，$x^n - a = 0$ のガロア群は位数 n の巡回群である．

逆に，ガロア拡大体 Σ/K のガロア群が位数 n の巡回群であると仮定しよう．その巡回群の生成元を σ とする．

ここで Σ の要素 α に対して，

$$(\zeta,\alpha) = \alpha+\zeta\sigma\alpha+\zeta^2\sigma^2\alpha+\cdots+\zeta^{n-1}\sigma^{n-1}\alpha$$
をつくる.ここで σ を (ζ,α) に施してみよう.
$$\begin{aligned}\sigma(\zeta,\alpha) &= \sigma(\alpha+\zeta\sigma\alpha+\cdots+\zeta^{n-1}\sigma^{n-1}\alpha)\\&= \sigma\alpha+\zeta\sigma^2\alpha+\cdots+\zeta^{n-1}\sigma^n\alpha\\&= \sigma\alpha+\zeta\sigma^2\alpha+\cdots+\zeta^{n-1}\alpha\\&= \zeta^{-1}(\zeta\sigma\alpha+\zeta^2\sigma^2\alpha+\cdots+\alpha)\\&= \zeta^{-1}(\zeta,\alpha)\end{aligned}$$
だから $(\zeta,\alpha)^n$ に σ を施すと,
$$\begin{aligned}\sigma(\zeta,\alpha)^n &= (\sigma(\zeta,\alpha))^n = (\zeta^{-1}(\zeta,\alpha))^n = \zeta^{-n}(\zeta,\alpha)^n\\&= (\zeta,\alpha)^n\end{aligned}$$
すなわち,$(\zeta,\alpha)^n$ は σ によって不変であり,したがって,$\sigma^2,\sigma^3,\cdots,\sigma^{n-1}$ によって不変であるから,基礎体 K に属する.

しかし,ここで (ζ,α) が 0 であっては困るのである.そこで Σ の適当な α に対しては 0 にならないことを証明しておこう.

ここで 1 つの補題を証明しておこう.

補題 Σ/K のガロア群の変換を
$$\sigma_1,\sigma_2,\cdots,\sigma_n$$
としたとき,Σ のすべての要素 x に対して,
$$c_1\sigma_1(x)+c_2\sigma_2(x)+\cdots+c_n\sigma_n(x) = 0$$
が成り立つような Σ の要素 $c_1,c_2,\cdots,c_n$ はすべて 0 である.

証明 $c_1,c_2,\cdots,c_n$ のうち 0 とならないものの個数のうち最小の個数を r とすると $r=1$ ではあり得ない.なぜな

§6. ガロア群が巡回群のとき

ら $c_1\sigma_1(x)=0$ で $c_1\neq 0$ だから $\sigma_1(x)\neq 0$ である x は Σ の中に存在する．$1<r$ として，$c_1, c_2, \cdots, c_r$ はいずれも 0 でないものとする．すべての x に対して
$$c_1\sigma_1(x)+c_2\sigma_2(x)+\cdots+c_r\sigma_r(x)=0 \tag{1}$$
が成り立つものとする．ここで x を αx にかえると $\sigma_1, \sigma_2, \cdots, \sigma_r$ は同型だから $\sigma_i(\alpha x)=\sigma_i(\alpha)\sigma_i(x)$ が成り立つ．
$$c_1\sigma_1(\alpha)\sigma_1(x)+c_2\sigma_2(\alpha)\sigma_2(x)+\cdots$$
$$+c_r\sigma_r(\alpha)\sigma_r(x)=0 \tag{2}$$
(1)に $\sigma_r(\alpha)$ を掛けて(2)を引くと
$$c_1(\sigma_r(\alpha)-\sigma_1(\alpha))\sigma_1(x)+c_2(\sigma_r(\alpha)-\sigma_2(\alpha))\sigma_2(x)$$
$$+\cdots+c_{r-1}(\sigma_r(\alpha)-\sigma_{r-1}(\alpha))\sigma_{r-1}(x)$$
ところが 0 でない係数は最小が r だから，この係数はすべて 0 になるべきである．$c_1\neq 0$ であるから $\sigma_r(\alpha)-\sigma_1(\alpha)=0$．しかし，$\sigma_r(\alpha)=\sigma_1(\alpha)$ にえらぶと矛盾が起こる．

だからそのような $1<r$ は存在しない．だから $r=0$．
つまりすべての $c_1=c_2=\cdots=c_n=0$．　　　（証明終り）
だから $(\zeta,\alpha)\neq 0$ なる α が必ず存在する．
したがって
$$(\zeta,\alpha)^n=a\in K$$
となる．だから (ζ,α) は
$$x^n-a=0$$
の根で，しかも $\sigma(\zeta,\alpha)=\zeta^{-1}(\zeta,\alpha)$ だから共役要素はすべて異なる．
$$\sigma^m(\zeta,\alpha)=\zeta^{-m}(\zeta,\alpha).$$

だから，(ζ, α) を動かさないのは G の中の e だけである．

したがって (ζ, α) によって Σ がつくり出される．

よってつぎの定理が証明された．

定理5 ガロア拡大体 Σ/K のガロア群が位数 n の巡回群で K の標数が n を割り切らず，1 の n 乗根を含むとき，Σ は $x^n - a = 0$ の根によって拡大される．

$$\Sigma = K(\sqrt[n]{a})$$

§7. 群論的準備

ガロアの理論をさらに進めていくためには，群についてのより立ち入った考察が必要となる．

まず単純群とは何かについて述べよう．

群 G がそれ自身と単位群のほかに正規部分群を有しないとき，G を**単純群**とよぶ．

G を他の群 G' に準同型写像したとき，すなわち

$$G \longrightarrow G'$$

のとき，第2同型定理（p.144）によって，G' の単位元に写される要素全体の集合を H とすれば，H は G の正規部分群となり

$$G/H \cong G'$$

という関係が成り立つ．このような H としては G 自身と単位群 E しかないとすれば，$H = G$ のときは

$$G/G \cong E$$

$H = E$ のときは

$$G/E = G$$

となるから，結局 G と準同型な群は G 自身か単位群しかないことになる．

その中間には準同型な群は存在しないのである．単位群 E は群としてはまったく例外的なものであるから，そのことを考えに入れると，単純群とは準同型によって，それ以上縮小することのできない群であるといってもよいだろう．だから単純群は整数のなかで素数に似た役割を演ずる．

たとえば素数を位数とする群は単純群である．なぜなら，それはそれ自身と単位群の中間には部分群を有しないし，したがってもちろん正規部分群を有しないからである．このような群は巡回群であり可換群であるが，可換でない群で単純群が存在する．その実例をつぎにあげよう．もちろん一般の単純群の位数は素数であるとは限らない．

§8. 交代群

n 次の対称群 S_n は n 個のもの，たとえば

$$(1, 2, 3, \cdots, n)$$

という数字を入れ換える置換の全体である．そのなかで 2 個の数字を互いに入れ換えて，他の数字を動かさない置換を互換という．S_n のすべての置換は互換を適当につないで得られるが，とくに偶数個の互換によって得られる置換——これを偶置換と名づける——の全体を A_n としこれを n 次の交代群という．この A_n は S_n の部分群をなす．また a を S_n の任意の置換とすると，a と a^{-1} はともに偶置

換か，ともに奇置換であるから，
$$aA_na^{-1}$$
は，偶置換である．したがって
$$aA_na^{-1} = A_n$$
すなわち，A_n は正規部分群である．

また S_n のなかの奇置換を a, b とすると，ab^{-1} は偶置換となり
$$ab^{-1} \in A_n$$
したがって
$$a \in A_n b$$
すなわち，S_n/A_n の位数は 2 である．

A_n についてはつぎの定理が成り立つ．

定理 6 $n > 4$ のとき A_n は単純群である．

準備としてつぎのことを証明しておく．

A_n の正規部分群 N が 3 個の数字からなる巡回置換を含めば N は A_n と一致することを示そう．そこで，たとえば N が $(1, 2, 3)$ を含むとしよう．ここで 1 つの偶置換
$$a = (1, 2)(3, k) \qquad (k > 3)$$
とおき，N は正規部分群だから
$$(1, 2, 3)^2 = (2, 1, 3)$$
であるから
$$a(2, 1, 3)a^{-1}$$
をつくると，それは N に含まれる．
$$a(2, 1, 3)a^{-1} = (1, 2)(3, k)(2, 1, 3)(3, k)(1, 2)$$
によって，$1, 2, 3, k$ はどのような置換を受けるかをみる

と,
$$\begin{cases} 1 \longrightarrow 2 \longrightarrow 1 \longrightarrow 2 \\ 2 \longrightarrow 1 \longrightarrow 3 \longrightarrow k \\ 3 \longrightarrow k \longrightarrow 3 \\ k \longrightarrow 3 \longrightarrow 2 \longrightarrow 1 \end{cases}$$

3 は動かないから,これは $(1,2,k)$ である.

このような置換を2つ掛けると $(k \neq l)$
$$(1,2,k)(1,2,l) = (1,l)(2,k)$$
また
$$(1,2,k)(1,2,l)(1,2,k)^{-1}(1,2,l)^{-1}$$
$$= (1,2,k)(1,2,l)(2,1,k)(2,1,l)$$
$$= (1,2)(k,l)$$

2つの互換の積としてはつぎの型がある.

$(1,2)(1,k)$, $(1,2)(k,l)$,

$(1,k)(1,l)$, $(1,k)(k',l')$, $(k,l)(k',l')$

これらはすべて以上の置換の積で表わされる. $n > 4$ であるから $1, 2, k, l$ と異なる数字 m をえらべる.

$$(1,l)(2,m)(1,k)(2,m) = (1,l)(1,k)(1,2)(1,k)$$
$$= (1,2,k)$$
$$(1,k)(1,2)(1,2)(k',l') = (1,k)(k',l')$$
$$(1,2)(k,l)(1,2)(k',l') = (k,l)(k',l')$$

となるから, N は A_n と一致する. すなわち,
$$N = A_n$$

つぎに N は A_n の正規部分群とする.

a は N のなかで単位元でなくて,動かさない数字の

もっとも多いような置換であるとする．そのときaは3つの数字を動かし，他は動かさないことを示そう．

aが4つの数字を動かすものと仮定する．それは2つの互換の積である．
$$a = (1,2)(3,4)$$
ここで$b=(3,4,5)$とすると，
$$abab^{-1} = (3,4,5) \in N$$
これは3つの数字を動かすから，aが最小の4つを動かすという仮定に反する．

したがって，aは4以上の数字を動かす．aをサイクルに分けたとき最長のサイクルが4以上のときは
$$a = (1,2,3,4,\cdots)$$
3のときは
$$a = (1,2,3)(4,5,\cdots)$$
2のときは
$$a = (1,2)(3,4)(5,6)\cdots$$
これを$c=(2,3,4)$で変換すると，
$$a' = cac^{-1} = (1,3,4,2,\cdots)$$
$$= cac^{-1} = (1,3,4)(2,5,\cdots)$$
$$= cac^{-1} = (1,3)(4,2)(5,6)\cdots$$
どの場合も$a \neq a'$．したがって
$$a^{-1}a' \neq e$$

第1と第3の場合は$a^{-1}a'$は4より大きい数字は動かさない．

第2の場合には，1, 2, 3, 4, 5以外は動かさない．aは5

以上の数字を動かすが，$a^{-1}a'$ は 5 だけを動かす．いずれの場合も $a^{-1}a'$ の動かさない数は a より少なくなって，仮定に反する．

　だから，a は 3 個の数字だけを動かす．したがって N は 3 個のサイクルを含む．だからはじめに証明したところによって
$$N = A_n$$
すなわち，A_i は単純群である．

§9. 組成列

　一般に単純でない群の構造を追究するために，組成列というものを考える．

　群 G が単純でないときは G より小さくて単位群でない正規部分群 G_1 があるだろう．
$$G \supset G_1$$
G_1 がまた単純群でなかったら，そのなかに正規部分群 G_2 が存在する．
$$G_1 \supset G_2$$
このように順々に正規部分群をえらんでいくと，ついに単位群に到達する．
$$G = G_0 \supset G_1 \supset G_2 \supset \cdots \supset G_l = E$$
そのとき，G_i は 1 つ前の G_{i-1} の正規部分群になっている．そして，G_{i-1}/G_i をその列の**因子**という．このとき，l をその列の長さという．

　この列のあいだにはさらに別の群を割り込ませることが

できることもあり得る．しかしそのような余地がないほど細かくなっている列を**組成列**と名づける．

$G_{i-1}/G_i = G'$ が単純でないとすれば G' のなかには G' と単位群のあいだに正規部分群 H がある．

ここで
$$G_{i-1} \longrightarrow G'$$
という準同型写像で H に写される G の要素の全体は G_{i-1} のなかの正規部分群をなす．この群は G_{i-1} と G_i の中間にある正規部分群であるから，上の列は組成列ではなくなる．だから G_{i-1}/G_i は単純である．

逆に G_{i-1}/G_i が単純ならば，G_{i-1} と G_i の中間には正規部分群は存在し得ない．なぜなら
$$G_{i-1} \supset H \supset G_i$$
なる H が存在すれば，H/G_i は G' と単位群の中間にある正規部分群となり，G_{i-1}/G_i は単純でなくなり，仮定に反する．したがってそのような H は存在しない．

定理7 $G = G_0 \supset G_1 \supset G_2 \supset \cdots \supset G_l = E$
が組成列をなすためには，その因子群
$$G_0/G_1, G_1/G_2, \cdots, G_{l-1}/G_l$$
がすべて単純であることが，必要かつ十分である．

定理8 G の2つの組成列を
$$G = G_0 \supset G_1 \supset G_2 \supset \cdots \supset G_r = E$$
$$G = H_0 \supset H_1 \supset H_2 \supset \cdots \supset H_s = E$$
とするとき，その因子群は適当に順序を変えると，1つずつ同型である．このとき2つの組成列は同型であるとい

§9. 組成列

う.

証明 群の組成列の最小の長さについて帰納法を適用する.

$r=1$ のときは G 自身が単純群であるから, もちろんこの定理は成立する.

つぎに $r-1$ までこの定理が成り立っているものと仮定する.

G の組成列の1つが
$$G = G_0 \supset G_1 \supset \cdots \supset G_r = E$$
とする. そしてもう1つの組成列を
$$G = G_0 \supset H_1 \supset \cdots \supset H_s = E$$
としよう. $H_1 = G_1$ ならば G_1 は
$$G_1 \supset G_2 \supset \cdots \supset G_r = E$$
という長さ $r-1$ の組成列を有するから帰納法の仮定によって
$$G_1 \supset G_2 \supset \cdots \supset G_r = E$$
$$G_1 \supset H_2 \supset \cdots \supset H_s = E$$
は同型であり, したがって
$$r = s$$

また $H_1 \neq G_1$ のとき, $G_1, G_2, \cdots$ のなかで H_1 に含まれる最初のものを G_m とする.
$$G_m \subset H_1.$$

ここで
$$G_1 \cap H_1 = G_2', \quad G_2 \cap H_1 = G_3', \quad \cdots,$$
$$G_{m-1} \cap H_1 = G_m'$$

図5.4

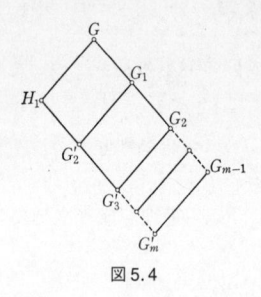

をつくってみよう.

このとき G_1H_1 は G_1, H_1 を含む正規部分群であるから G である.
$$G_1H_1 = G$$
また G_{m-1} は H_1 に含まれないから
$$G_{m-1}H_1 = G$$
$$G_{m-1} \cap H_1 \cap G_m \cap H_1 = G_m$$
第1同型定理によって
$$G/H_1 \cong G_{m-1}/G_{m-1} \cap H_1$$
しかもこれは単純でなければならないから,
$$G_{m-1} \cap H_1 = G_m{'} = G_m.$$
ここで
$$G_{i-1}/G_i \cong G_i{'}/G_{i+1}{'} \quad (i=1,2,\cdots,m-1)$$
$$G_{m-1}/G_m = G/H_1$$
したがって

$$G \supset G_1 \supset G_2 \supset \cdots \supset G_m$$
$$G \supset H_1 \supset G_2 \supset \cdots \supset G_m$$

は同型である．$G_m \supset G_{m+1} \supset \cdots \supset G_r = E$ の長さは $r-1$ 以下であるから，それ以下の部分は同型である．

$$H_1 \supset H_2 \supset \cdots \supset H_s = E$$

と

$$H_1 \supset G_2' \supset \cdots \supset G_{m-1}' \supset G_m \supset G_{m+1} \supset \cdots$$
$$\supset G_r = E$$

とを比べると，その長さは $r-1$ 以下であるからやはり帰納法の仮定によって同型である．

したがって

$$G \supset G_1 \supset \cdots \supset G_r = E$$
$$G \supset H_1 \supset \cdots \supset H_s = E$$

は同型である．だから $r = s$ が得られる． （証明終り）

この定理をジョルダン・ヘルダーの定理という．

定理 9 G の任意の正規部分群 H を通る組成列は必ず存在する．

証明 G/H をつくり，その群の組成列をつくってみる．

$$G_0' = G/H \supset G_1' \supset G_2' \supset \cdots \supset G_{r-1}' \supset E$$

としよう．

$$G \longrightarrow G_0'$$

という準同型写像において，$G_1', G_2', \cdots, G_r' = E$ に写像される G の要素の集合を $G_1, G_2, \cdots, G_{r-1}, G_r$ とすると，$G_r = H$ であり，第 2 同型定理によって，

$$G/G_1 \cong G_0{}'/G_1{}'$$
$$G_1/G_2 \cong G_1{}'/G_2{}'$$
$$\cdots\cdots$$
$$G_{r-1}/G_r \cong G_{r-1}{}'/E$$
となる．右辺はすべて単純群であるから，左辺もすべて単純群となり，したがって
$$G \supset G_1 \supset \cdots \supset G_r = H$$
は組成列である．

H の組成列を
$$H \supset G_{r+1} \supset \cdots \supset G_s = E$$
とすれば
$$G \supset G_1 \supset \cdots \supset G_r = H \supset G_{r+1} \supset \cdots \supset G_s = E$$
は H を通る G の組成列である．

組成列のあらゆる因子群が可換群であるような解を**可解群**という．

ところで可換な単純群は素数位数の巡回群であるから，可解群の組成列の因子群はすべて素数位数の巡回群である．

例1 素数の累乗を位数とする群は可解である．

解 $r=1$ ならばその群 G は可換でありまた単純である．

$r>1$ ならば第3章の定理15（p.123）によって，中心は単位群より大きくなる．群 G に一致すればその群 G は可換となり，単純ではない．中心が群 G の一部分ならばその群 G は単純でない．すなわち，位数が p^r $(r>1)$ の

群は単純ではない．

G の組成列を
$$G = G_0 \supset G_1 \supset \cdots \supset G_r = E$$
とすると，G_{i-1}/G_i $(i=1,\cdots,r)$ はやはり p^s の位数をもち，しかも単純でなければならないから，$s=1$ でなければならない．したがって可解である．

例 2 S_4 の組成列をつくり，可解であることを示せ．

解 S_4 のなかに交代群 A_4 があることは明らかである．

また S_4 のなかに $1,2,3,4$ を $2+2$ に分けて，そのあいだで入れ換える置換の全体を考えると，それを V_4 で表わしクラインの 4 元群という．

$$(1),\ (1,2)(3,4),\ (1,3)(2,4),\ (1,4)(2,3)$$

となる．このような置換を 2 つ連続して行なうとやはり上の V_4 のどれかになる．また逆もやはりその V_4 の置換である．したがって上の置換の全体 V_4 は群をつくる．そしてすべて偶置換だから

$$V_4 \subset A_4$$

また S_4 の任意の置換で変換しても $1,2,3,4$ が入れ換わるだけで V_4 の性格は変わらないから，V_4 に属する．つまり V_4 は S_4 の正規部分群である．V_4 で

$$(1) = e,\ (1,2)(3,4) = a,\ (1,3)(2,4) = b$$

とおくと，
$$ab = (1,4)(2,3),\ ba = (1,4)(2,3)$$
$$a^2 = e,\ b^2 = e$$

であるから，V_4 は $(2,2)$ 型の可換群である．この群はす

でにのべた (p.98) ものと同型である．

ここで $(e,a) = C_2$ とすると，S_4 の組成列は
$$S_4 \supset A_4 \supset V_4 \supset C_2 \supset E$$
となる．その因子群の位数は
$$2, 3, 2, 2$$
であり，したがって S_4 は可解である．

§10. 代数方程式の可解性

代数方程式が四則と累乗根とで解けるかどうかをここで問題にしよう．

K の要素を係数とする既約方程式
$$f(x) = 0$$
があるものとしよう．

そこで $f(x)$ の係数に四則と累乗根をつぎつぎと有限回施して，$f(x) = 0$ の1つの根を求め得るか，あるいは，$f(x)$ のすべての根を求め得るかが，問題である．ただここでは $\sqrt[n]{a}$ という表現はただ1つの値をもつとは限らず，一般には n 個の値をもち得ることに注意しておかねばならない．

まずはじめに，$f(x) = 0$ のすべての根が
$$\sqrt[m]{\cdots \sqrt[n]{\cdots} + \sqrt[r]{\cdots} + \cdots}$$
という形で表わされているべきだという条件が満たされているとしよう．

そのとき $x^n - a = 0$ はもとの体で既約であるならば，

$\sqrt[n]{a}$ のすべての値は共役となり，したがって各々を含む体は同型になるはずである．そしてその同型は各々の拡大体にも拡張できるから，上の式で $\sqrt[n]{a}$ を他の共役要素で置き換えたものは，上の式と共役になり，したがって $f(x)$ が既約であることから，$f(x)$ の他の根となる．

そこでつぎの定理を証明しよう．

定理 10 K で既約な方程式 $f(x)=0$ の根の1つが

$$\sqrt[m]{\cdots \sqrt[n]{\cdots} + \sqrt[r]{\cdots} + \cdots + \cdots}$$

という形で表わされ，また累乗根の次数が K の標数で割り切れないとき，その方程式のガロア群は可解である．

証明 $n = p_1^{\alpha_1} p_2^{\alpha_2} \cdots p_r^{\alpha_r}$ のとき，$\sqrt[n]{a}$ は $\sqrt[p_1]{\sqrt[p_2]{\cdots \sqrt[p_r]{a}}}$ となるから，すべて素数次の累乗根の積み重ねによって得られる．したがって，$m, n, r, \cdots$ 等の約素因数 $p_1, p_2, \cdots$ を次数とする1の累乗根をつぎつぎに付加してみよう．

このような1の累乗根がすべて存在すれば，$\sqrt[p]{a}$ を付加すると，それが元の体に属すれば拡大にはなっていないし，属していなければ p 次の巡回拡大になっているはずである．

そして a のすべての共役要素 a' の p 乗根 $\sqrt[p]{a'}$ をつぎつぎに付加すると，それはやはり p 次の拡大になっているか，それともまったく拡大となっていないか，そのどちらかである．このようにして K に対してガロア的な拡大体が得られる．

このようにして，つぎつぎと拡大していくと，つぎのよ

うな巡回拡大による拡大体の列が得られる.
$$K \subset \Delta_1 \subset \Delta_2 \subset \cdots \subset \Delta_\omega$$
ここで Δ_ω は $f(x)$ の1つの根

$$\omega = \sqrt[m]{\cdots \sqrt[n]{\cdots} + \sqrt[r]{\cdots} + \cdots}$$

を含むガロア体である.

この Δ_ω はガロア的であるから,もちろん $f(x)$ のすべての根を含んでいるから,$f(x)$ の分解体 Σ を含むはずである.

$$\Sigma \subseteqq \Delta_\omega$$

Δ_ω/K のガロア群を G とすると,上の体の列に対して,つぎのような群の縮小する列が得られる.

$$G \supset G_1 \supset G_2 \supset \cdots \supset G_\omega = E$$

ここで任意の群 G_i は1つ前の群 G_{i-1} の正規部分群である.そしてその剰余群 G_{i-1}/G_i は素数次の巡回群である.つまり,群 G は可解で,上の列は組成列となっている.

一般にガロア的な Σ に対しては,G の正規部分群 H が対応する.したがって H をなかに含む組成列

$$G \supset H_1 \supset H_2 \supset \cdots \supset H \supset \cdots \supset E$$

が存在する.

ここで Σ の組成列は,

$$G/H \supset H_1/H \supset H_2/H \supset \cdots \supset H/H = E$$

となり,第2同型定理によって,上の列で対応する剰余群と同型となる.したがって素数次の巡回群となる.した

がって Σ は可解となる． (証明終り)

つぎにこの定理の逆に相当する定理をのべよう．

定理 11 基礎体 K の標数が 0 であるか，それとも組成列の剰余群の位数のどれよりも大きいとき，ある方程式のガロア群が可解であるとき，そのすべての根は

$$\sqrt[m]{\cdots\sqrt[n]{\cdots}+\sqrt[r]{\cdots}+\cdots}$$

という形で表わされる．

そのさい，付加される $\sqrt[n]{a}$ の次数はすべて素数で，$x^n - a = 0$ は既約であるようにすることができる．

この証明のためには，つぎの補助定理をまず証明しよう．

補助定理 K の標数が 0 であるか q より大きいならば，1 の q 乗根は既約な方程式

$$x^p - a = 0$$

の根として表わされる．

証明 帰納法による．$q = 2$ のときは，2乗根は $+1$ と -1 だから，K に属する．

q より小さい素数に対してはすでに証明済みとする．1 の q 乗根はすでに証明したように巡回的でその次数は $q-1$ の約数となる．$q-1$ を素因数分解すると，

$$q-1 = p_1^{\alpha_1} p_2^{\alpha_2} \cdots p_r^{\alpha_r}$$

となり，$p_1, p_2, \cdots, p_r$ 次の巡回拡大をつづけることによって得られる．$p_1, p_2, \cdots, p_r$ はすべて q より小さい素数であるから，帰納法の仮定によってそれはすべて累乗根によっ

て得られる．そして p_r 次の拡大であるからそのさいの $x^{p_r} - a = 0$ は既約でなければならない． （証明終り）

そのようにして 1 の q 乗根はすべて累乗根によって得られることが明らかとなった．

ここで定理 11 の証明に移ろう．

証明 Σ は $f(x)$ の分解体であるとし，Σ/K のガロア群の組成列を
$$G \supset G_1 \supset G_2 \supset \cdots \supset G_l = E$$
とする．これに対する部分体の列を
$$K \subset \Delta_1 \subset \cdots \subset \Delta_l = \Sigma$$
とする．

そして，どの体もその前の体の上でガロア的でしかも巡回的である．そしてその各々の相対次数を $q_1, q_2, \cdots$ とするとき，1 の q_1 乗根，q_2 乗根，$\cdots$ をつぎつぎに付加するとすると，それらはすべて，補助定理によって既約方程式による累乗根によって表わされる．したがって Δ_l はすべて累乗根によって生成される． （証明終り）

この定理によって，代数方程式が累乗根によって解けるかどうかの問題に決定的な解答が与えられたのである．

§11. n 次の一般的方程式

n 次の代数方程式の係数を不定元とした，
$$z^n - u_1 z^{n-1} + u_2 z^{n-2} - \cdots + (-1)^n u_n = 0$$
を n 次の一般方程式と呼ぶことにする．

それは基礎体 K に不定元 $u_1, u_2, \cdots, u_n$ を付加した体の

上の方程式である．その根を $v_1, v_2, \cdots, v_n$ とすると，つぎのような関係が成り立っている．

$$\begin{cases} u_1 = v_1 + \cdots + v_n \\ u_2 = v_1 v_2 + \cdots + v_{n-1} v_n \\ \quad \cdots\cdots\cdots \\ u_n = v_1 v_2 \cdots v_n \end{cases}$$

ここで，つぎに不定元 $x_1, x_2, \cdots, x_n$ を根とするもう1つの方程式

$$(z-x_1)(z-x_2)\cdots(z-x_n)$$
$$= z^n - \sigma_1 z^{n-1} + \sigma_2 z^{n-2} - \cdots + (-1)^n \sigma_n$$

をつくってみると，やはりつぎの関係が得られる．

$$\begin{cases} \sigma_1 = x_1 + \cdots + x_n \\ \sigma_2 = x_1 x_2 + \cdots + x_{n-1} x_n \\ \quad \cdots\cdots\cdots \\ \sigma_n = x_1 x_2 \cdots x_n \end{cases}$$

ここで K は分離的で $\sigma_1, \sigma_2, \cdots, \sigma_n$ は $x_1, x_2, \cdots, x_n$ の勝手な置換に対して不変な多項式，すなわち，対称関数であるから，K に $\sigma_1, \sigma_2, \cdots, \sigma_n$ を付加した体 $K(\sigma_1, \sigma_2, \cdots, \sigma_n)$ のガロア群は n 次の対称群 S_n である．

$$K(\sigma_1, \sigma_2, \cdots, \sigma_n) \subseteqq K(x_1, x_2, \cdots, x_n)$$

そして S_n はもちろん $K(x_1, x_2, \cdots, x_n)$ の自己同型を生ずる．ここでガロアの基本定理を適用すると，G_n によって不変な $K(x_1, x_2, \cdots, x_n)$ の要素，すなわち対称関数は $K(\sigma_1, \sigma_2, \cdots, \sigma_n)$ に属する．このことをいいかえると任意の対称関数は基本対称関数 $\sigma_1, \sigma_2, \cdots, \sigma_n$ の有理関数

として表わされることもわかった．(第4章の定理10, p. 221)

また多項式 $f(y_1, y_2, \cdots, y)$ が恒等的に0でないかぎり，
$$f(\sigma_1, \sigma_2, \cdots, \sigma_n) = 0$$
という関係は決して成り立たない．

なぜなら，もし
$$f(\sigma_1, \sigma_2, \cdots, \sigma_n)$$
$$= f(\sum x_i, \sum x_i x_k, \cdots, x_1 x_2 \cdots x_n) = 0$$
とすれば
$$f(\sum v_i, \sum v_i v_k, \cdots, v_1 v_2 \cdots v_n) = 0$$
が成立するから
$$f(u_1, \cdots, u_n) = 0$$
となり，f は恒等的に0となるからである．

だから
$$f(u_1, \cdots, u_n) \longrightarrow f(\sigma_1, \cdots, \sigma_n)$$
は1対1に対応するから $K(u_1, \cdots, u_n)$ と $K(\sigma_1, \cdots, \sigma_n)$ は同型である．

だから
$$z^n - u_1 z^{n-1} + u_2 z^{n-2} - \cdots + (-1)^n u_n = 0$$
は分離的であり，$K(u_1, u_2, \cdots, u_n)$ の上のガロア群は S_n である．そして S_n の位数はもちろん $n!$ である．

n 個の根の差積
$$\prod_{i<k}(v_i - v_k) = P$$
をつくると，これは S_n の正規部分群である交代群 A_n の

置換に対して不変である．しかし A_n に属さない奇置換を施すと $-P$ に変わる．

$$P^2 = \prod_{i<k}(v_i - v_k)^2 = D$$

ここで D は判別式であるから，$K(u_1, u_2, \cdots, u_n)$ に属する．したがって A_n に対する部分体は $K(u_1, u_2, \cdots, u_n \sqrt{D})$ となり，そしてそのガロア群は S_n/A_n となる．S_n/A_n はもちろん位数 2 の群である．

しかるに $n>4$ のときは A_n は単純群であることが証明されていたので S_n は可解ではない．したがって次の定理が成り立つ．

定理 12 5 次以上の一般方程式は累乗根では解けない．

2 次方程式 2 次の一般方程式を

$$x^2 + px + q = 0$$

とする．根を x_1, x_2 とすると差積は

$$x_1 - x_2 = \sqrt{D}$$
$$D = (x_1 - x_2)^2$$
$$= (x_1 + x_2)^2 - 4x_1 x_2$$
$$= p^2 - 4q$$
$$x_1 + x_2 = -p$$

から

$$x_1 = \frac{-p + \sqrt{D}}{2}, \ x_2 = \frac{-p - \sqrt{D}}{2}$$

3次方程式 S_3 の位数は $3!=6$ であり，交代群 A_3 の位数は3である．

$$S_3 \supset A_3 \supset E$$

一般の方程式を
$$x^3+a_1x^2+a_2x+a_3=0$$
として，ここで変数を $x=z-\dfrac{1}{3}a_1$ に変えると z^2 の係数は 0 となって，つぎのようになる．
$$z^3+pz+q=0$$
ここでガロア群の組成列をつくると，
$$S_3 \supset A_3 \supset E$$
まず判別式 D をつくってみよう．
$$f(x) = x^3+px+q$$
とおくと，
$$f(x) = (x-x_1)(x-x_2)(x-x_3)$$
$$\begin{aligned}
D &= (x_1-x_2)(x_1-x_2)(x_2-x_3)(x_2-x_3) \\
&\quad (x_1-x_3)(x_1-x_3) \\
&= -(x_1-x_2)(x_1-x_3)(x_2-x_3)(x_2-x_1) \\
&\quad (x_3-x_1)(x_3-x_2) \\
&= -f'(x_1)f'(x_2)f'(x_3) \\
&\quad (f'(x) = 3x^2+p \text{ だから}) \\
&= -(3x_1{}^2+p)(3x_2{}^2+p)(3x_3{}^2+p) \\
&= -p^3-3p^2(x_1{}^2+x_2{}^2+x_3{}^2) \\
&\quad -9p(x_1{}^2x_2{}^2+x_2{}^2x_3{}^2+x_3{}^2x_1{}^2) \\
&\quad -27x_1{}^2x_2{}^2x_3{}^2
\end{aligned}$$

ここで

$$x_1+x_2+x_3=0$$

であるから2乗すると

$$x_1{}^2+x_2{}^2+x_3{}^2+2(x_1x_2+x_2x_3+x_3x_1)=0$$

したがって

$$x_1{}^2+x_2{}^2+x_3{}^2=-2(x_1x_2+x_2x_3+x_3x_1)=-2p$$
$$(x_1x_2+x_2x_3+x_3x_1)^2=p^2$$
$$x_1{}^2x_2{}^2+x_2{}^2x_3{}^2+x_3{}^2x_1{}^2+2x_1x_2x_3(x_1+x_2+x_3)=p^2$$

$x_1+x_2+x_3=0$ だから

$$x_1{}^2x_2{}^2+x_2{}^2x_3{}^2+x_3{}^2x_1{}^2=p^2.$$

これを代入すると

$$D=-p^3+6p^3-9p^3-27q^2=-4p^3-27q^2$$

したがって

$$(x_1-x_2)(x_1-x_3)(x_2-x_3)=\sqrt{D}=\sqrt{-4p^3-27q^2}$$

A_3 に対応する体は $K(p,q\sqrt{D})$ である.

つぎに A_3 は位数3の巡回群であるから,1の3乗根を

$$\rho=\frac{-1+\sqrt{-3}}{2},\quad \rho^2=\frac{-1-\sqrt{-3}}{2}$$

として,この ρ,ρ^2 を付加するとラグランジュの方法によって

$$(1,x_1)=x_1+x_2+x_3=0$$
$$(\rho,x_1)=x_1+\rho x_2+\rho^2 x_3$$
$$(\rho^2,x_1)=x_1+\rho^2 x_2+\rho x_3$$

とする.このとき各々の3乗は $\sqrt{-3}$ と $\sqrt{D}$ で表わされるはずである.

$$(\rho, x_1)^3 = x_1{}^3 + x_2{}^3 + x_3{}^3 + 3\rho(x_1{}^2 x_2 + x_2{}^2 x_3 + x_3{}^2 x_1)$$
$$+ 3\rho^2(x_1 x_2{}^2 + x_2 x_3{}^2 + x_3 x_1{}^2) + 6 x_1 x_2 x_3$$

同じく
$$(\rho^2, x_1)^3 = x_1{}^3 + x_2{}^3 + x_3{}^3 + 3\rho^2(x_1{}^2 x_2 + x_2{}^2 x_3 + x_3{}^2 x_1)$$
$$+ 3\rho(x_1 x_2{}^2 + x_2 x_3{}^2 + x_3 x_1{}^2) + 6 x_1 x_2 x_3$$

$$\sqrt{D} = (x_1 - x_2)(x_1 - x_3)(x_2 - x_3)$$
$$= x_1{}^2 x_2 + x_2{}^2 x_3 + x_3{}^2 x_1 - x_1 x_2{}^2 - x_2 x_3{}^2 - x_3 x_1{}^2$$

これを $(\rho, x_1)^3$ の式に代入すると,

$$(\rho, x_1)^3 = x_1{}^3 + x_2{}^3 + x_3{}^3 + 3\rho(x_1{}^2 x_2 + x_2{}^2 x_3 + x_3{}^2 x_1)$$
$$+ 3\rho^2(x_1{}^2 x_2 + x_2{}^2 x_3 + x_3{}^2 x_1 - \sqrt{D})$$
$$= x_1{}^3 + x_2{}^3 + x_3{}^3 - \frac{3}{2}(x_1{}^2 x_2 + x_2{}^2 x_3 + x_3{}^2 x_1$$
$$+ x_1 x_2{}^2 + x_2 x_3{}^2 + x_3 x_1{}^2)$$
$$+ 6 x_1 x_2 x_3 + \frac{3}{2}\sqrt{-3}\sqrt{D}$$

これらは x_1, x_2, x_3 の対称関数だから,
$$x_1 + x_2 + x_3 = 0,$$
$$p = x_1 x_2 + x_2 x_3 + x_3 x_1,$$
$$q = -x_1 x_2 x_3$$

の多項式で表わされる.
$$x_1{}^3 + x_2{}^3 + x_3{}^3 = -3q$$
$$0 = (x_1 + x_2 + x_3)(x_1 x_2 + x_2 x_3 + x_3 x_1)$$
$$= x_1{}^2 x_2 + x_2{}^2 x_3 + x_3{}^2 x_1 + x_1 x_2{}^2 + x_2 x_3{}^2 + x_3 x_1{}^2$$
$$+ 3 x_1 x_2 x_3$$

であるから

$x_1{}^2x_2 + x_2{}^2x_3 + x_3{}^2x_1 + x_1x_2{}^2 + x_2x_3{}^2 + x_3x_1{}^2 = 3q$

したがって

$$(\rho, x_1)^3 = -3q - \frac{3}{2} \cdot 3q - 6q + \frac{3\sqrt{-3}}{2}\sqrt{D}$$
$$= -\frac{27}{2}q + \frac{3}{2}\sqrt{-3}\sqrt{D}$$

同じく

$$(\rho^2, x_1)^3 = -\frac{27}{2}q - \frac{3}{2}\sqrt{-3}\sqrt{D}$$

しかし
$$(\rho, x_1) \cdot (\rho^2, x_1) = x_1{}^2 + x_2{}^2 + x_3{}^2 + (\rho + \rho^2)x_1x_2$$
$$+ (\rho + \rho^2)x_1x_3 + (\rho + \rho^2)x_2x_3$$
$$= x_1{}^2 + x_2{}^2 + x_3{}^2 - (x_1x_2 + x_1x_3 + x_2x_3)$$
$$= -2p - p = -3p$$

つまり $(\rho, x_1)(\rho^2, x_1) = -3p$ となるようにえらぶべきである.

$$(\rho, x_1) = \sqrt[3]{-\frac{27}{2}q + \frac{3}{2}\sqrt{-3D}}$$
$$(\rho^2, x_1) = \sqrt[3]{-\frac{27}{2}q - \frac{3}{2}\sqrt{-3D}}$$

ここで x_1, x_2, x_3 を求めると,
$$3x_1 = (\rho, x_1) + (\rho^2, x_1)$$
$$= \sqrt[3]{-\frac{27}{2}q + \frac{3}{2}\sqrt{-3D}} + \sqrt[3]{-\frac{27}{2}q - \frac{3}{2}\sqrt{-3D}}$$

$$3x_2 = \rho^2(\rho, x_1) + \rho(\rho^2, x_1)$$
$$= \rho^2 \sqrt[3]{-\frac{27}{2}q + \frac{3}{2}\sqrt{-3D}} + \rho \sqrt[3]{-\frac{27}{2}q - \frac{3}{2}\sqrt{-3D}}$$
$$3x_3 = \rho(\rho, x_1) + \rho^2(\rho^2, x_1)$$
$$= \rho \sqrt[3]{-\frac{27}{2}q + \frac{3}{2}\sqrt{-3D}} + \rho^2 \sqrt[3]{-\frac{27}{2}q - \frac{3}{2}\sqrt{-3D}}$$

これがカルダノの公式である.

このカルダノの公式は少しく謎めいたものを秘めている.

$$x^3 + px + q = 0$$

の p, q は実数の体に属するとしよう.

このとき，この3次方程式が異なる根をもつとしたら，つぎの2つの場合が起こる.

(1) 1つの根 x_1 が実数で，他の2根 x_2, x_3 は共役の複素数となる場合である．このときは，すなわち $x_3 = \overline{x}_2$
$$D^2 = (x_1 - x_2)^2(x_1 - x_3)^2(x_2 - x_3)^2$$
$$= (x_1 - x_2)^2(x_1 - \overline{x}_2)^2(x_2 - \overline{x}_2)^2$$
$$= |x_1 - x_2|^4(x_2 - \overline{x}_2)^2$$

ここで $x_2 - \overline{x}_2$ は純虚数となる．したがって
$$(x_2 - \overline{x}_2)^2 < 0$$
このときは
$$D < 0$$

カルダノの公式では $\sqrt{-3D}$ が出てくるから, $\sqrt{}$ の中は正で，したがって $\sqrt{-3D}$ は実数である．したがってカルダノの公式の $\sqrt[3]{}$ は実数となり ρ, ρ^2 から虚数となるこ

とがわかる．

(2) 3根がすべて実数のときは
$$D = (x_1-x_2)^2(x_1-x_3)^2(x_2-x_3)^2 > 0$$
したがって $\sqrt{-3D}$ は虚数となる．

つまり $\sqrt[3]{}$ のなかで虚数が出現する．

もしここで虚数を絶対に認めない，という立場をとるならば，$\sqrt[3]{}$ のなかで行きづまって，そこで計算を中止して，"この方程式には根（実数の）がない" と結論せざるを得ないだろう．

ところが，この方程式は3つの実根を事実上もっているのである．だから虚根を認めないと実根さえ得られないということになる．

例3 カルダノの公式を用いて3次方程式
$$x^3 - 6x + 4 = 0$$
を解け．

解 一般型を $x^3 + px + q = 0$ とすると，
$$p = -6, \quad q = 4$$
となる．公式に代入すると，
$$x_1 = \sqrt[3]{-2+2i} + \sqrt[3]{-2-2i}$$
$$x_2 = \rho^2 \sqrt[3]{-2+2i} + \rho \sqrt[3]{-2-2i}$$
$$x_3 = \rho \sqrt[3]{-2+2i} + \rho^2 \sqrt[3]{-2-2i}$$

ここで $\sqrt[3]{-2+2i}$ を計算してみよう．極形式で表わすと
$$-2+2i = 2^{\frac{3}{2}} \left(\cos \frac{3}{4}\pi + i \sin \frac{3}{4}\pi \right)$$

$$\sqrt[3]{-2+2i} = \sqrt{2}\left(\cos\frac{\pi}{4} + i\sin\frac{\pi}{4}\right)$$
$$= \sqrt{2}\left(\frac{1}{\sqrt{2}} + \frac{1}{\sqrt{2}}i\right)$$
$$= 1+i$$

同じく
$$\sqrt[3]{-2-2i} = 1-i$$

したがって
$$x_1 = \sqrt[3]{-2+2i} + \sqrt[3]{-2-2i}$$
$$= 1+i+1-i = 2$$
$$x_2 = \rho^2\sqrt[3]{-2+2i} + \rho\sqrt[3]{-2-2i}$$
$$= \frac{-1-\sqrt{3}\,i}{2}(1+i) + \frac{-1+\sqrt{3}\,i}{2}(1-i)$$
$$= \frac{1}{2}(-1-\sqrt{3}\,i-i+\sqrt{3}-1+\sqrt{3}\,i+i+\sqrt{3})$$
$$= \frac{1}{2}(-2+2\sqrt{3})$$
$$= -1+\sqrt{3}$$
$$x_3 = \rho\sqrt[3]{-2+2i} + \rho^2\sqrt[3]{-2-2i}$$
$$= \frac{-1+\sqrt{3}\,i}{2}(1+i) + \frac{-1-\sqrt{3}\,i}{2}(1-i)$$
$$= \frac{1}{2}(-1+\sqrt{3}\,i-i-\sqrt{3}-1-\sqrt{3}\,i+i-\sqrt{3})$$
$$= \frac{1}{2}(-2-2\sqrt{3})$$
$$= -1-\sqrt{3}$$

答　$2,\ -1+\sqrt{3},\ -1-\sqrt{3}$

§12. 円分方程式

定木とコンパスだけを有限回使って正 n 角形を描くことは古来からの幾何学の重要な問題の1つであった．ユークリッドの『原論』では，正3角形，正4角形すなわち正方形，正5角形，正6角形を描く方法が示されていた．アルキメデスは正7角形を描くことを試みたが，成功しなかった．それからはるか下って18世紀の終りに青年ガウスが正17角形の作図に成功した．この成功はガウス個人にとっても数学史にとってもきわめて重要な意義をもつものであった．

ガウスはそのころ専攻科目を数学にしようか言語学にしようかと迷っていたが，この正17角形の作図の成功が数学を専攻するほうにガウスを踏み切らせたのであった．

またこの正多角形の作図は円周を等分する問題と同じであり，これがいわゆる円分論の発達をうながし，それはやがて円分体の整数論への路を開き，今日のいわゆる類体論の原型となったのである．

ガウスは正 n 角形の作図を単位円の n 等分の問題に移しかえ，

$$x^n = 1$$

という n 次方程式を解くという代数学の問題に翻訳し，そのことによって問題を代数学の枠内にもちこんだのである．

$$x^n - 1 = 0$$

の n 個の根は複素平面上の単位円を n 等分した点となることは明らかである．

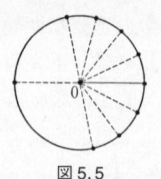

図 5.5

したがって $x^n - 1 = 0$ を解く問題になるが，ガロアの理論を適用するには 1 つの困難がある．それは $x^n - 1$ が既約でないことにある．

たとえば

$x^3 - 1 = (x-1)(x^2+x+1)$

$x^4 - 1 = (x-1)(x+1)(x^2+1)$

$x^5 - 1 = (x-1)(x^4+x^3+x^2+x+1)$

$x^6 - 1 = (x-1)(x+1)(x^2-x+1)(x^2+x+1)$

$x^7 - 1 = (x-1)(x^6+x^5+x^4+x^3+x^2+x+1)$

....

となるからである．

しかし，たとえば $x^3 - 1 = (x-1)(x^2+x+1)$ において $x-1 = 0$ から得られる $x = 1$ は除いてもよく，x^2+x+1 だけが重要であり，これが解ければ，円周の 3 等分はできるのである．$x^2+x+1 = 0$ の根は 3 乗してはじめて 1

となるような数なのである.したがって $x^3=1$ のなかで3乗してはじめて1となるような根だけが重要であるということである.

一般に $x^n-1=0$ の根で,n 乗してはじめて1となるような根だけを問題にしよう.そのような数を1の**原始 n 乗根**という.1の原始 n 乗根だけを根とする方程式を

$$\Phi_n(x)=0$$

とする.この $\Phi_n(x)$ を n 次の円分多項式という.

$x^n-1=0$ の根には n の任意の約数 d に対して,

$$x^n-1=\prod_{d/n}\Phi_d(x)$$

という式が得られる.

このような $\Phi_n(x)$ はすべて有理数の係数をもつことを証明しよう.

定理13 $\Phi_n(x)$ はすべて有理数の係数をもつ.

証明 帰納法による.$n=1$ のときは

$$\Phi_1(x)=x-1$$

であるから明らかに有理数の係数をもつ.

$n-1$ までは正しいとする.

$$\Phi_n(x)=\frac{x^n-1}{\prod_{\substack{d/n \\ d<n}}\Phi_d(x)}$$

であるから,x^n-1 を $\Phi_d(x)$ でつぎつぎに割った商であるから,組立除法によって,その商はすべて有理数の係数をもつ.したがって $\Phi_n(x)$ も有理数の係数をもつ.した

がって帰納法は完結した. 　　　　　　　　(証明終り)

これで $\Phi_n(x)$ を求めると，つぎのようになる.

$\Phi_1(x) = x-1$

$\Phi_2(x) = x+1$

$\Phi_3(x) = x^2+x+1$

$\Phi_4(x) = x^2+1$

$\Phi_5(x) = x^4+x^3+x^2+x+1$

$\Phi_6(x) = x^2-x+1$

　　　………

つぎにこの $\Phi_n(x)$ は有理数体の上で既約であることを証明しよう.

定理 14 円分多項式 $\Phi_n(x)$ は有理数体上で既約である.

証明 1の原始 n 乗根 ζ を根とする有理数体上の既約多項式を $f(x)$ とする.

$$f(\zeta) = 0$$

ここで $f(x) = \Phi_n(x)$ ということが証明されればよい.

n の素因数でない素数を p とする. そのとき ζ^p もまた1の原始 n 乗根である. なぜなら, $(\zeta^p)^r = 1$ ならば $\zeta^{pr} = 1$ となり pr は n で割り切れねばならない. しかるに p は n のなかに因数として含まれていないから, r は n の倍数である. つまり ζ^p もやはり1の原始 n 乗根である. だから ζ^p もやはりある既約多項式 $g(x)$ の根である.

$$g(\zeta^p) = 0$$

ところで x^n-1 は $f(x)$ と ζ を, $g(x)$ と ζ^p を根として

共有しているから，$f(x)$ と $g(x)$ で割り切れるが，$f(x)$ と $g(x)$ が異なっていれば共通根を有せず，したがって $x^n - 1$ は $f(x)g(x)$ で割り切れる．したがって次のように書ける．

$$x^n - 1 = f(x)g(x)h(x)$$

ここで $h(x)$ は整数係数の多項式である．

いま $g(x^p)$ という多項式を考えると，$x = \zeta$ で 0 になるから，$f(x)$ と根 ζ を共有し，しかも $f(x)$ は既約だから，$g(x^p)$ は $f(x)$ で割り切れる．

$$g(x^p) = f(x)k(x)$$

一方 $\bmod p$ に対しては

$$(ax+by)^p \equiv a^p x^p + \binom{p}{1} a^{p-1} x^{p-1} by + \cdots$$
$$+ \binom{p}{p-1} ax b^{p-1} y^{p-1} + b^p y^p$$

であり

$$\left(\begin{array}{l}\binom{p}{i} \equiv 0 \pmod{p}(0 < i < p) \text{ と,}\\ \text{フェルマの定理によって } a^p \equiv a, \\ b^p \equiv b \pmod{p} \text{ だから}\end{array}\right)$$

$$\equiv ax^p + by^p$$

一般的に

$$g(x)^p \equiv g(x^p) \pmod{p}$$

となる．

したがって

$$\{g(x)\}^p \equiv f(x)k(x) \pmod{p}$$

$f(x)$ は既約であるが mod p の有限体では可約となるかも知れないのでその既約因子を $\varphi(x)$ とする.

$$f(x) \equiv \varphi(x)\psi(x) \pmod{p}$$

ここで $\varphi(x)$ は $g(x)$ のなかに入っている.

$$g(x) \equiv \varphi(x)\rho(x) \pmod{p}$$

したがって

$$\begin{aligned} x^n - 1 &\equiv f(x)g(x)h(x) \\ &= \varphi(x)\psi(x)\varphi(x)\rho(x)h(x) \\ &= \varphi(x)^2 \psi(x)\rho(x)h(x) \end{aligned}$$

だから $x^n - 1$ は $\varphi(x)^2$ で割り切れる.

つまり mod p に対して重根をもつ. そうならばその導関数は 0 となるべきである.

$$nx^{n-1} \equiv 0 \pmod{p}$$

p は n に入っていないから, これは矛盾である. この矛盾は $f(x)$ と $g(x)$ とが異なると仮定したことにある. だから $f(x)$ と $g(x)$ は等しくなければならない.

$$f(x) = g(x)$$

だから

$$f(\zeta^p) = g(\zeta^p) = 0$$

したがって ζ^p は $f(x)$ の根である.

ζ^ν は 1 の原始 n 乗根とすると, ν の素因数分解 $\nu = p_1 p_2 \cdots p_m$ における $p_1, p_2, \cdots, p_m$ は n の素因数ではない. だから ζ^{p_1} も $f(x)$ の根であり, またさらに $\zeta^{p_1 p_2}, \zeta^{p_1 p_2 p_3}, \cdots, \zeta^{p_1 p_2 p_3 \cdots p_m} = \zeta^\nu$ が $f(x)$ の根でなければならない. すなわち, $f(x)$ はすべての 1 の原始 n 乗根を根としても

つ．したがって $f(x)$ は $\Phi_n(x)$ で割り切れ，かつ既約だから

$$f(x) = \Phi_n(x)$$

すなわち $\Phi_n(x)$ は既約である．　　　　　　　　　（証明終り）

ところで $\Phi_n(x)$ の根は

$$\zeta, \zeta^{\alpha_1}, \zeta^{\alpha_2}, \cdots, \zeta^{\alpha_m}$$

で α_i はすべて n と互いに素な整数だから，その数は $\varphi(n)$ である．つまり，次の定理が得られる．

定理 15 $\Phi_n(x)$ の次数は $\varphi(n)$ である．

上の事実によって $\Phi_n(x)$ の根は 1 つの根 ζ の有理式 ζ^α で表わされるから，ζ はガロア拡大体をつくる．

その 1 つの置換

$$\zeta \longrightarrow \zeta^\alpha$$

を施してさらに

$$\zeta \longrightarrow \zeta^\beta$$

を施すと，

$$\zeta \longrightarrow (\zeta^\beta)^\alpha = \zeta^{\alpha\beta}$$

となるから，そのガロア群は α, β の乗法の群と同型である．

定理 16 有理数体 P に 1 の原始 n 乗根 ζ を付加した体 $P(\zeta)$ のガロア群は $\bmod n$ の既約剰余系の乗法群と同型である．

例 4 1 の原始 5 乗根 ζ を付加した体 $P(\zeta)$ のガロア群を求めよ．

解 上の定理によって，そのガロア群は $\bmod 5$ の既約

剰余系のつくる乗法群と同型である．mod 5 の既約剰余系は

$$\{1, 2, 3, 4\}$$

であり，それは

$$2^1 \equiv 2$$
$$2^2 \equiv 4$$
$$2^3 \equiv 3$$
$$2^4 \equiv 1$$

であるから

$$\zeta \longrightarrow \zeta^2$$

という置換を σ とすると，σ によって生成される位数4の巡回群となる．

§13. 定木とコンパスによる作図

定木とコンパスによって作図可能かどうかの問題を代数的に翻訳すると，つぎのようになる．

定理 17 既知の量 $a, b, c, \cdots$ から，加減乗除と平方根によって長さの測れる量は定木とコンパスによって作図できる．

証明 これらの $a, b, c, \cdots$ は単なる長さではなく，単位1を定めてそれによって測られた量とする．

和と差は直線上にコンパスを0を中心として a の大きさに開いて，a の長さをとり，直線との交点を中心として b の長さに開いてさらに直線との交点をとると，その2点の0からの距離が $a+b$, $a\sim b$ となる（図5.6）．

図 5.6　　　　　　　　　図 5.7

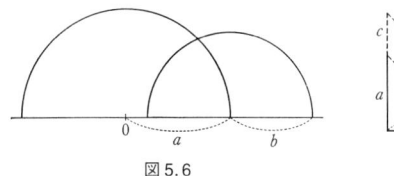

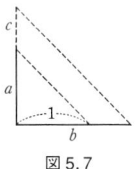

　積：a,b を 2 辺とする 3 角形をつくり，b 上に 1 をとる．1 と a を結び，b を通ってそれと平行線をひく．その平行線は定木とコンパスによって作図できる．このとき a との交点を c とすると，$a:c=1:b$ となるから
$$1\cdot c = ab$$
$$c = ab$$
が得られる（図 5.7）．

　商：$\dfrac{b}{a}$ を求めるには，3 角形の 1 辺上に a,b をとり，それともう 1 つの辺に 1 をとり，a と 1 を直線で結び，b を通ってそれと平行線を引き，その辺との交点を c とすると
$$a:b = 1:c$$
$$c = \frac{b}{a}$$
が得られる（図 5.8）．

　平方根：$\sqrt{a}$ を求めるには 1 と a を直線でつないで，それを直径とする半円を描き，1 と a の境目の点に垂線を立て半円との交点を c とする．そのときの c の長さは
$$c^2 = 1\cdot a = a$$

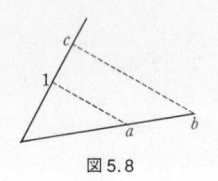

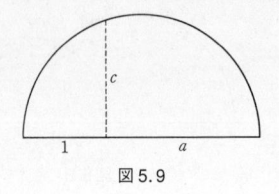

$$c = \sqrt{a}$$

となる（図 5.9）．

したがって，和，差，積，商，平方根は定木とコンパスを有限回使用することによって得られる． （証明終り）

定理 18 直角座標系でいくつかの点の座標がある数体 K に属するとき，それらの点を結ぶ直線の方程式の係数はやはり K に属する．また，それらの点を中心として，半径が K に属するような円の方程式の係数もやはり K に属する．

証明 2 点の座標を $(a,b),(a',b')$ とし，a,b,a',b' は K に属するものとする．そのとき，この 2 点を通る直線の方程式は

$$(x-a)(b'-b)-(y-b)(a'-a)=0$$

となり，係数は K に属する．

また (a,b) を中心とし K に属する r を半径とする円の方程式は

$$(x-a)^2+(y-b)^2=r^2$$
$$x^2+y^2-2ax-2by-r^2=0$$

となり，すべての係数は K に属する．

定理19 このような直線や円どうしの交点の座標は,加減乗除と平方根によって求められる.

証明 直線と直線との交点は加減乗除によって求められる.また,直線と円の交点は直線の方程式から y を求め,それを円の方程式に代入すると,2次方程式となるから,加減乗除と平方根によって得られる.

また円と円の交点は
$$\begin{cases} x^2+y^2+2ax+2by+c=0 \\ x^2+y^2+2a'x+2b'y+c'=0 \end{cases}$$
であるから,辺々引いて, x^2+y^2 を消すと,
$$2(a-a')x+2(b-b')y+(c-c')=0$$
この1次方程式を上の円の方程式の1つに代入すると,2次方程式となるから,その根は加減乗除と平方根によって求められる. (証明終り)

したがって,既知の図形の既知の点の座標が体 K に属するときそれらをもとにして,定木とコンパスで作られた点の座標は K に K の要素の平方根を付加した体に属する.

したがって,2次の拡大をつぎつぎに行なった体である.

したがって,

定理20 1から出発して,定木とコンパスで作図できる量は有理数体から2次拡大を繰り返した体に属する.

逆にそのような体に属する量は定木とコンパスによって作図できる.

定理 21 正 n 角形が定木とコンパスで作図できるためには，$\varphi(n)$ が 2 の累乗となることである．

証明 n 次の円分方程式の次数は $\varphi(n)$ であるから，$P(\zeta)$ が作図できるには $\varphi(n)$ が 2^k の形をしていなければならない．

逆に $\varphi(n)=2^k$ ならば $P(\zeta)$ のガロア群は可換であるから，その組成列の因子群はすべて位数 2 の巡回群である．

つまり，$P(\zeta)$ は R から 2 次拡大を繰り返すことによって得られる．したがって，平方根をつぎつぎに付加することによって得られる．すなわち定木とコンパスによって作図できる． (証明終り)

$$n = p_1^{\alpha_1} p_2^{\alpha_2} \cdots p_r^{\alpha_r}$$

のとき

$$\varphi(n) = p_1^{\alpha_1-1} p_2^{\alpha_2-1} \cdots p_r^{\alpha_r-1}(p_1-1)(p_2-1)\cdots(p_r-1)$$

であるから，2 でない $p_1, p_2, \cdots, p_r$ については

$$\alpha_1 - 1 = \alpha_2 - 1 = \cdots = \alpha_r - 1 = 0$$

そして

$$p_i - 1 = 2^k, \ p_i = 2^k + 1$$

つまりそれらは 2^k+1 という形の素数でなければならない．

2^k+1 が素数であるためには k は 2^s という形をしていなければならない．

k が奇数の約数 m をもっていたら

$$k = m \cdot l$$

とすると
$$2^k+1 = (2^l)^m+1 = (2^l+1)(2^{l(m-1)}+\cdots+1)$$
となるから，k は奇数の約数を有しないから 2^s という形の数である．

したがって，n に入ってくる素因数 p は
$$p = 2^{2^s}+1$$
という形をしている．
$$2^{2^0}+1 = 2+1 = 3$$
$$2^{2^1}+1 = 2^2+1 = 5$$
$$2^{2^2}+1 = 2^4+1 = 17$$
$$2^{2^3}+1 = 2^8+1 = 257$$
$$\cdots\cdots\cdots\cdots$$

このような素数 p に対しては正 p 角形が定木とコンパスで作図できる．

一般に
$$n = 2^l p_1 p_2 \cdots p_r$$
という形のときは正 n 角形が作図できる．

例5 正5角形を作図せよ．

解 $\Phi_5(x)=0$ を解けばよい．
$$\Phi_5(x) = x^4+x^3+x^2+x+1 = 0$$
x^2 で割ると，
$$x^2+x+1+x^{-1}+x^{-2} = 0$$
$x+x^{-1}=t$ とおくと
$$t^2 = (x+x^{-1})^2 = x^2+2+x^{-2}$$
$$x^2+x^{-2} = t^2-2$$

これを代入すると

$$t^2 - 2 + t + 1 = 0$$
$$t^2 + t - 1 = 0$$
$$t = \frac{-1 \pm \sqrt{1+4}}{2} = \frac{-1 \pm \sqrt{5}}{2}$$
$$x + x^{-1} = t = \frac{-1 \pm \sqrt{5}}{2}$$
$$x^2 - tx + 1 = 0$$

$$x = \frac{t \pm \sqrt{t^2 - 4}}{2} = \frac{\dfrac{-1 \pm \sqrt{5}}{2} \pm \sqrt{\dfrac{6 \mp 2\sqrt{5}}{4} - 4}}{2}$$

$$= \frac{(-1 \pm \sqrt{5}) \pm \sqrt{-10 \mp 2\sqrt{5}}}{4}$$

$$= \frac{(-1 \pm \sqrt{5}) \pm i\sqrt{10 \pm 2\sqrt{5}}}{4}$$

$$= \begin{cases} \dfrac{-1 + \sqrt{5} + i\sqrt{10 + 2\sqrt{5}}}{4} \\ \dfrac{-1 - \sqrt{5} + i\sqrt{10 - 2\sqrt{5}}}{4} \\ \dfrac{-1 + \sqrt{5} - i\sqrt{10 + 2\sqrt{5}}}{4} \\ \dfrac{-1 - \sqrt{5} - i\sqrt{10 - 2\sqrt{5}}}{4} \end{cases}$$

例6 120°を定木とコンパスによって3等分することは不可能であることを証明せよ.

解 その角を特に $\dfrac{2}{3}\pi$ とする. そのとき, その $\dfrac{1}{3}$ の

角は $\dfrac{2}{9}\pi$ である.だから,これは正 9 角形を定木とコンパスによって作図する問題となる.

しかるに
$$9 = 3^2$$
であるから
$$\varphi(9) = \varphi(3^2) = 9 - 3 = 6$$
となり,定理 21 によって,定木とコンパスでは作図不可能である.

したがって一般の角を 3 等分することは不可能である.

第6章　構造主義

§1. 空間的と時間的

　最近"構造主義"が注目のまとになっているが，それは数学的構造が浅からぬ関係をもっているといわれているので，そのことに言及しておくことにする．

　これまでのべたように数学的"構造"は現代数学のきわめて強力な武器であることがわかった．しかし，はたしてそれは万能であろうか．

　構造が限界をもっているとしたら，どのような限界であろうか．

　まずそれは時間的というよりは空間的である点に最大の特徴がある．ブルバキがそれを建築物にたとえたことからもわかるように，それは空間的であり静的である．

　構造に限界があるとしたら，まさにその点にあるといえよう．時間的なものを完全に空間的なもののなかに解消してしまうことができない限り時間的なものは構造からこぼれ落ちるほかはあるまい．

　まず，この空間的なものと時間的なものの対立を数学という学問のなかで考えてみよう．ニュートンによって創り出された微分積分学はもともとガリレオの古典力学を数学

的に精密化することを目標にしていた．ニュートンは微分係数を瞬間的速度として定義し，それを"流率"と名づけたほどであった．このことからもわかるように微分積分学は誕生のはじめから時間的という刻印を押されていたのであった．それは当然無限の問題に出会ったが，その無限はカントルの空間的な"実無限"ではなく，アリストテレスの時間的な可能性の無限であった．

そして微分積分学からはじまった近代解析学もやはりカントルが出現するまで長いあいだ可能性の無限の上に安住し得た．カントル的無限を考え出す能力が数学者になかったからではなく，学問の発展そのものがそれを要求しなかったからである，といってよいだろう．

§2. 開いた体系，閉じた体系

たとえば微分積分学で関数 $y = f(x)$ を考えるとき，その定義域ははじめから厳密に定義されているわけではない．

$$f(x) = a^x \quad (a \text{ は正の実数})$$

という指数関数を例にとっても，はじめのうち，x は正の整数に限られていた．しかし，それが0や負の整数まで拡張され，さらに有理数から実数へ，実数から複素数へと拡張されていった．このように関数の定義域は必要に応じて，いくらでも拡張されるという本性をもっている．換言すれば微分積分学における関数の定義域はいちど定めたら未来永劫に変わることのない閉じた体系ではなく，必要に

応じていくらでも拡張のできる"開いた体系"なのであった.

微分方程式
$$\frac{dy}{dx} = F(x, y)$$
の解 $y = f(x)$ の定義域は何かと，はじめから見透すことは不可能であろう．

また複素関数論において，つぎのように無限べき級数
$$f(z) = \sum_{n=0}^{\infty} a_n z^n$$
によって定義された関数 $f(z)$ は収束円の外まで解析接続して定義域を拡げていくことができるが，それでは，どこまで拡がっていくかをはじめから言い当てることは不可能に近い．その意味では定義域は開いた体系であるというべきであろう．

また，すでにガロアの理論のところで見たように，はじめに定めた基礎体の枠を固守することが目的ではなく，それをいかに拡大していくかが，目的となったのである．体はいうまでもなく典型的な代数的構造のひとつであるが，その体すらも拡大を余儀なくされるのである．その意味では，構造を建築物にたとえたブルバキの比喩はあまり適切なものとはいえなくなる．

もともと建築物といえども完全に空間的なものであるかどうか疑問であろう．それをつくる建築家の眼からみればそれは時間的なものであり，それをどういう手順で造って

いくかが，重要になってくる．

　手順，手続きは数学的にいうとアルゴリズムであり，それは明らかに時間的なものである．しかも数学はこのアルゴリズム的なものを決して排除することはできないのである．

　数学はどれほど抽象的であっても，その究極の根源は実在のなかにあるといわねばならない．もちろんその実在とは数学を創り出した人間をもそのなかに含んだものとして考えているのである．ところで実在は単に空間的でもなく，単に時間的でもなく，双方を兼ねた時間・空間的なものである．だとすれば数学も当然時間・空間的なものでなければならないだろう．

　たとえば生物はそのようなものであるといわねばならない．それは原子や細胞の雑然たる集合ではなく，複雑で精妙な構造をもっている．しかしその構造は一定不変のものではなく，常に変化している．しかもその変化は連続的であるばかりではなく，昆虫の変態の場合のように不連続なものであることもある．

　すなわち生物は空間的な構造をもちながら，しかも時間的に変化している．そのようなものを取り扱うのにふさわしい理論が数学のなかで創り出されているか，というと答は否である．ウィーナーはそのようなものを"動的体系"と名づけ，その必要を強調している．

　以上のように数学という学問のなかで構造の概念が万能であると考えるなら，それは誤りである．これまでのべた

ようにそれは強力ではあっても，決して万能なものではないのである．

同じことが数学的構造と多くの親近性と相似性をもつといわれる広い意味の構造一般についてもいえるだろう．

ヒルベルトが構造の概念を提起した（彼は構造ということばは使わなかったが）のは20世紀の初頭であったが，時を同じくして言語学や絵画その他の芸術部門にも類似の概念が生まれ，戦後になってレヴィ・ストロースが文化人類学のなかでこの概念を駆使するに及んで"構造主義"という1つの方法論もしくは思想が生まれてきたようである．

最近盛んな論議のまとになった"構造主義"に対して立ち入った論議を展開するつもりはないが，この構造主義がややもすると陥りがちな硬直からそれを救い出し，その生産性を回復するために書かれたと思われる心理学者のピアジェの構造主義論を紹介しておこう．

彼は構造の条件として，つぎのような3つの条件を提示する．

(1) 全体性
(2) 変換性
(3) 自己制御

ピアジェは (1) の全体性についてつぎのようにのべている．

「構造固有の全体性の性格ははっきりしている．というのは，すべての構造主義者たちが一致して認めている唯

一の対立は，構造と集合体——すなわち全体とは独立した要素から成り立っているもの——との対立だからである．」

数学的構造を例にとっていえば，群の単位元 e は，群という構造のなかでそれが占める特殊な性格，すなわち，他のもの a とかけて他のもの a になる

$$ea = ae = a$$

という性格によって規定されている．これは構造のなかの有機的な構成部分なのである．この点が，それ自身が他とは独立に存在している集合の要素とはちがっている．

しかし，このように，全体と部分とを氷炭相容れない対立概念とみることは，誤りであろう．そのことについてピアジェはつぎのようにのべている．

「あらゆる領域で，認識論的態度が，構造的法則をもった全体性の承認か，それとも要素から出発する原子論的合成かといった二者択一に帰せられると思い込むのは，誤っている．」

簡単にいうと，要素なき全体か，全体なき要素か，という問題設定そのものが誤りである，というのである．事実は，全体が要素への分解をどの程度まで許すかという問題になるだろう．化合物を元素に分解することは１つの全体を要素に分解することに他ならないが，さらにそれらを合成することによって元通りのものが得られることもあり得る．

この場合は，全体と要素とが互いに移行し得るものであ

り，したがって，両者を排他的に分離することは正しくない．

もちろん，いちど分解してから合成すると，元に戻らないものも少なくあるまい．そのような場合には全体と要素とは互いに移行し得ないものとなる．

だが，このような非可逆性も，技術の発展によって可逆的となることもやはり少なくないだろう．

そのもっとも大きな問題はいうまでもなく，生命の合成であろう．

(2) 変換性：構造を単に静的なものに止まらせないために，ピアジェは変換性を考えた．たとえば群という構造のなかに任意の要素 x を一定の要素 a によってつぎのように
$$x \longrightarrow ax = y$$
y に変換することができる．また
$$x \longrightarrow axa^{-1}$$
によって変換することもできる．その他，さまざまな変換が考えられる．

このように構造は種々の内部変換を許す有機的全体である．

(3) 自己制御：以上のように構造のなかに定義された変換の多くはその構造の枠内で起こる．換言すれば，変換によって得られた要素はその構造の外に出ることはない．つまり，その変換に対して閉じている．もちろん，そうでないときは，構造そのものを拡大して，その拡大された構

造はその変換に対して閉じるようにする．たとえば自然数の集合は減法に対しては閉じていないが，それに0と負の整数をつけ加えることによって，減法に対しても閉じた整数という構造が得られる．

　それは決して静的な構造ではなく，動的な構造，もしくは体系である．

　構造をこのように解釈するならば硬直した形骸ではなくなるだろう．

これ以上学ぶ人のために

 本書は代数的構造についての基礎的な考え方をのべることを目標としたので,あまり細かい点までは立ち入らなかった.

 もう少し立ち入ったところまで学びたい人のためには,それぞれ適当な教科書がある.

〔1〕 ファン・デル・ヴェルデン（銀林浩訳）:現代代数学（1～3）,東京図書

〔2〕 バーコフ,マクレーン（奥川光太郎,辻吉雄訳）:現代代数学概論,白水社

〔3〕 S. Lang : *Algebra*, Addison-Wesley

〔4〕 ブルバキ（銀林浩他訳）:ブルバキ数学原論（代数 1～7）,東京図書

群論については,簡にして要を得たものとして

〔5〕 アレクサンドロフ（宮本敏雄訳）:群論入門,東京図書

ガロアの理論については

〔6〕 ポストニコフ（日野寛三訳）:ガロアの理論,東京図書

ガロアの伝記については

〔7〕 インフェルト（市井三郎訳）:ガロアの生涯,日本評論社

がある.

　代数的構造であり位相的構造であるという"二層構造"の典型的なものは位相群であるが，それについては
　〔8〕　ポントリャーギン（柴岡泰光，杉浦光夫，宮崎功
　　　　訳）：連続群論，岩波書店
がある．

練習問題の解答

第3章

1. 正4面体の回転は頂点を通る軸のまわりに $\frac{2\pi}{3}$ だけ回転するものが 4

    $\frac{4\pi}{3}$ だけ回転するのが 4

    辺の中点を通る軸のまわりに π だけ回転するのが 3

    それに回転しない単位元が 1

    合計　$4+4+3+1=12$

    つまり位数は 12 である．

2. 正8面体について，

    頂点を通る軸のまわりの $\frac{\pi}{2}$ だけの回転　3

    頂点を通る軸のまわりの π だけの回転　3

    頂点を通る軸のまわりの $\frac{3\pi}{2}$ だけの回転　3

    辺の中点を通る軸のまわりの π だけの回転　6

    面の重心を通る軸のまわりの $\frac{2\pi}{3}$ だけの回転　4

    面の重心を通る軸のまわりの $\frac{4\pi}{3}$ だけの回転　4

    単位元　1

    合計　$3+3+3+6+4+4+1=24$

    位数は 24．

    正8面体の面の中心を頂点とすると立方体となるから，正8面体の回転はその立方体の回転となる．だから双方の回転群は同型である．

3. 正20面体について，

頂点を通る軸のまわりの $\dfrac{2\pi}{5}$ だけの回転　6

頂点を通る軸のまわりの $\dfrac{4\pi}{5}$ だけの回転　6

頂点を通る軸のまわりの $\dfrac{6\pi}{5}$ だけの回転　6

頂点を通る軸のまわりの $\dfrac{8\pi}{5}$ だけの回転　6

辺の中点を通る軸のまわりの π だけの回転　15

面の重心を通る軸のまわりの $\dfrac{2\pi}{3}$ だけの回転　10

面の重心を通る軸のまわりの $\dfrac{4\pi}{3}$ だけの回転　10

単位元　1

合計　$6+6+6+6+15+10+10+1=60$

位数は60．

正20面体の面の中心を頂点とすると正12面体となるから，正20面体の回転はその正12面体の回転となっている．だから2つの回転群は同型である．

この回転群を共役類に分けると，

$$6+6+6+6+15+10+10+1$$

という分かれ方をする．正規部分群はこの共役類の合併集合である．もちろん単位元を含んでいるはずである．

以上の数をいかに加えても60の約数とはならない．したがって位数1，60以外の正規部分群は存在しない．したがって単純群である．

4. （ⅰ）位数4の巡回群．

（ⅱ）位数4の要素がないときは単位元の他は位数が2である．2つの要素を a,b とする．

$$a^2 = b^2 = e,\ ab = c,\ c^2 = e,\ abab = e$$

これから

$$ab = ba$$

したがって，これは，(e, a) と (e, b) の直積となり $(2, 2)$ 型の可換群である．

5. （i） 位数6の要素が存在するときは位数6の巡回群.

（ii） 位数6の要素が存在しないときは位数3の要素 a がある．そのとき部分群 (e, a, a^2) がある．これは正規部分群である．これ以外の要素を b とすると，

$$bab^{-1} = a$$

のときは，(e, a, a^2) と (e, b) の直積となる．

$$bab^{-1} = a^2$$

のときは，3次の対称群 S_3 と同型になる．

第4章

1. 可約だったら1次の因子 $x - \alpha$ をもつ（α は整数である），したがって α は3の約数であるから，$\pm 1, \pm 3$ でなければならぬ．どれを代入しても $x^3 - x - 3$ は0にならないから $x - \alpha$ は因子ではない．ゆえに $x^3 - x - 3$ は既約である．

この体の要素は $1, x, x^2$ の1次結合

$$\alpha + \beta x + \gamma x^2$$

で表わされるが，$1, x, x^2$ はつぎのような乗法の規則をもつ．

$$x^3 = x + 3$$

	1	x	x^2
1	1	x	x^2
x	x	x^2	$x+3$
x^2	x^2	$x+3$	x^2+3x

2. 加法的に書いた群の生成元を a,b とする．自己準同型を α, β とすると，
$$\alpha(a) = c_{11}a + c_{12}b$$
$$\alpha(b) = c_{21}a + c_{22}b$$
$$(c_{ik} = 0, 1)$$
すなわち
$$\alpha \longrightarrow \begin{bmatrix} c_{11} & c_{12} \\ c_{21} & c_{22} \end{bmatrix}$$
という行列に対応する．

そして自己準同型環はこの行列環と同型である．この行列環の位数は $2^4 = 16$ である．

3. 加法的に書くと
$$\{0, a, 2a, \cdots, (n-1)a\} \qquad na = 0$$
と書ける．
$$\varphi_r(a) = ra$$
とすると
$$\varphi_r(a) + \varphi_s(a) = ra + sa = (r+s)a = \varphi_{r+s}(a)$$
$$\varphi_r \varphi_s(a) = \varphi_r(sa) = r(sa) = (rs)a = \varphi_{rs}(a)$$
$$n\varphi_r(a) = nra = r(na) = r0 = 0$$
したがってこれは $\bmod n$ による剰余環と同型である．

解　説

銀林　浩

0) もともとこの著作は，1972年に筑摩書房の企画した「数学講座」の中の1冊として出版された．満60歳停年でやっと堅苦しい「宮仕え」から解放された遠山さんが，遠慮することなくのびのびと，執筆に励むことができることになった時期の「書き下ろし」である．

停年直前の1968年から通い始めた八王子の都立養護学校での指導をまとめた『歩きはじめの算数』(国土社)や，『初等整数論』(日本評論社)，『さんすうだいすき』(ほるぷ出版)，『関数を考える』(岩波書店)，『代数的構造』(筑摩書房)，『数学の学び方・教え方』(岩波書店)などの重要著作が，立て続けに出たのもこの年である．

翌73年1月には太郎次郎社から父母向けの月刊誌『ひと』を発刊して，それまで主として教師向けだった数教協運動（民間教育団体「数学教育協議会」）にも，刷新をもたらそうとしていた．依然数教協委員長の役にありながら，私に向かって何かの拍子に

「そのうち数教協も取り残されてぶっ潰されるかも知れないぞ」

と文化大革命（1966〜77年，中国の毛沢東は紅衛兵を動員して，国家主席劉少奇打倒のクーデタを企て，大規模な粛清を行なった）なみの物騒な警告をたれるくらいの勢いのよさだった．同じような魂の高揚を感じていたのかも知れない．

1）　本書の「まえがき」の末尾でも遠山さんは，長年の教授経験から，

「筆者が長年大学で講義してきた経験によると，代数的構造ははじめて学ぶ人々にとって決して理解しやすい概念ではないようである」

と述べている．

　代数的構造とは，1種類の演算を持つ群や2種類の演算が可能な環や体などが基本である．例えば正負の整数の全体は加法について群を成すし，同じく正負の分数（有理数）の全体や正負の実数の全体は体になる．これらの日常よく出てくる数は代数的構造の最も身近な実例なのであるが，ふだんはそんなことを意識することは少ない．そんな事情がかえって理解を妨げているのかも知れない．よく知っていることが逆に妨げになるとは，一種のパラドックスであるが，これは自転車の遅乗りが難しいのと同じようなことである．

　だから初めて学ぶ人は，既習の素地を忘れて第一歩から始める覚悟が必要となろう．その方が結局は，「人工島」のような代数的構造の世界に早く馴れることができるのだと思う．

2) この本では,最初の方の第1章「構造とは何か」と第2章「数学的構造」,最後の第6章「構造主義」とが,構造概念の分析や説明にあてられている.それらは遠山さん独特かつ秀逸なもので,非常に参考になる.欲をいえば,もう少し敷衍してほしかった.

第1章の冒頭,コンピュータにない人間の能力にパターン認識があるが,数学こそそうしたパターン認識に支えられていると論じるのは説得力がある.パターンを取り出すということは,個々の要素よりも要素間の関係に着目することである.

このことを象徴的に示す逸話が D. ヒルベルト(1862-1943)にある.彼は世紀末のベルリンの停車場の待合室で同僚に向かって,

「『点,直線,平面』は『机,椅子,コップ』で置き換えてもよい」

といって度肝を抜いたという話がある(本書34ページ).そこから「無定義術語」の考えが生まれたといわれる.いわゆる公理主義の誕生である.ヒルベルトはときどき極端なことをいって人を驚かせる癖があったといわれるが,これなどはその一例といえる.

集合論の中にパラドックス(矛盾)が含まれていることがわかったときも,

「カントルが我々のために創り出した楽園(集合論)から,何人も我々を追放することはできない」

と叫んだといわれる(本書46ページ).それ以後ヒルベ

ルトは，公理主義の旗手・総帥として一生涯戦い続けることになる．

3) ヒルベルトの公理主義を敷衍し，構造の概念を数学の中心に据えたのは，1935 年に結成されたフランスの若い数学者の集団 N. ブルバキである．当初のメンバーは A. ヴェイユ (1906-98)，H. カルタン (1904-2008)，C. シュヴァレー (1909-84)，J. デュドネ (1906-92) などの中核的数学者であった．彼らは「老害」防止を理由に 50 歳定年制を敷いていた．だから構成メンバーは時代とともに次第に更新されていった．

ブルバキは 39 年から『数学原論』の名のもとで，「集合論」「代数」「位相」「実 1 変数関数」「位相線形空間」「積分」「可換代数」「リー群とリー環」「多様体」「スペクトル論」の 10 部門にわたる膨大なテキストを刊行し始めた．発足後 70 年ほどへた時点で，未完のまま終息している．

4) なお恐らくヴェイユの筆になると見られる，このいわば「ブルバキ運動」の宣言（マニフェスト）とでもいうべき短い文書『数学の建築術 (L'Architécture de Mathématique)』がある．その中でも数学的構造の 3 つの大きな分野として，

　代数構造／順序構造／位相構造
が挙げられている．

5) 基本的な代数的構造には先述のように，群／環／体／多元環 (algebra) などがあるが，それらを列挙する

だけでは，一種の博物誌に終わってしまうことだろう．その点について遠山さんは「まえがき」で，

> 「最初のプランでは多元環まで書きたかったが，これはやはり分量の点で見送らざるを得なかった．ただガロアの理論だけはどうしても除くことはできないと思った．それは構造そのものが静的なものから動的なものに転化せざるを得ないことを示すための絶好な実例だからである」

と述べて，あえてガロア理論に踏み込む理由を明確にしている．

確かにガロア理論は，体の階梯（拡大体・部分体など包含関係にある体の梯子）と，それらの体の自己同型写像の成す群の階梯とを，逆相関させてくれる（例えば本書260ページの図5.2参照）．これによって，体に関する問題はより単純な群の問題に翻訳され，解決が容易になるというわけである．

順相関ではなく，「逆相関」であることが絶妙なのである．日本の高木貞治（1875-1960）の「類体論」にその精髄を見ることができる．

6） 例えばガロア理論によって，1次方程式／2次方程式／3次方程式／4次方程式までの解法が統一的に構成され，それまで手品のような技法と思われていたものが，明確に意味づけられた．そして当時の課題であったのは，5次以上の方程式が四則と累乗根とだけで解けるかどうかということだったが，ガロアはそのようないわば代数的に解

けるための判定法も明確化したのであった．

こうして要約してしまえば，きわめて単純な構図に思えるが，細部にわたってきちんとガロア理論を記述するのには，実はかなりのテクニックを必要とする．例えば本書の§5.10「代数方程式の可解性」のあたりなどがそうした実例である．ここのところは，読者にはやはり忍耐強くフォローしていく覚悟が求められよう．

7) ただ先程も本書の「まえがき」で遠山さんがあえてガロアの理論を取り上げる理由として挙げた，

　「構造そのものが静的なものから動的なものに転化せ
　　ざるを得ない」

ということについて，どこかでもう少し詳しく展開して欲しかったと思う．

確かに最終章「構造主義」において，サイバネティクスで有名な N. ウィーナー (1894-1964) の「動的体系」や生物学者・児童心理学者 J. ピアジェ (1896-1980) の構造主義（全体性／変換性／自己制御）を引きながら，示唆的な所見を述べている．

構造とかパターンとかはどちらかというと，空間的で同時存在をする感じで閉じているが，計算とかアルゴリズムは時間を追って順次遂行され，展開されるものと考えられている．この章の最後に書かれているように，この両者は対立するものというよりも，多くの場合「相互補完的」な役割を果たしていることに注意しなければならない．

8) もともと数学というものは，創ったり考えたりす

るときは「ああでもない，こうでもない」と試行錯誤を繰り返す．しかし完成した記述からは，そうしたいわば「足場」は跡形もなく取っ払われてしまい，理路整然たるものになる．そうしない限り他人には明確に伝えられないから，これはやむを得ぬ宿命である．

　数学を学んでいて本当に楽しいのは，この前半の試行錯誤の過程なのかも知れない．それが好きな者もいるが，しかし人によっては反対にどうしてもそれに耐えられない者も少なくない．そういう人はとかく「早く正解を」と要求してくるが，それでは数学を考える楽しさを最初から放棄しているのに等しい．

　この点について詳しいことは，アダマール『数学における発明の心理』(伏見康治／尾崎辰之助／大塚益比古訳，みすず書房) を参照してください．

2011 年 11 月

　　　　　　　　　　　（ぎんばやし・こう　明治大学名誉教授）

索 引

ア行

アーベル群 124
アルゴリズム 59
位数 75, 80
位相的構造 53
イデアル 187
因子 271
円分多項式 295
円分方程式 293

カ行

可解群 276
可換環 180
可換群 124
可逆性 68
拡大体 225
可能性の無限 48
ガロア拡大体 253
ガロア群 255
ガロアの基本定理 256
ガロアの理論 252
環 179
完全体 246
基本対称関数 221
基本列 228
逆元 71
共役 118
 ——類 119
行列環 181
クラインの4元群 98
群 71
結合法則 67

原始要素 247
構造 17, 22
 ——主義 309
交代群 267
公理 23

サ行

最小の体 198
自己準同型環 184
自己同型群 102
実数体 194
実無限 49
指標 149
 ——群 151
巡回群 86
順序の構造 53
準同型 106, 186
 ——環 181
 ——写像 106
商群 112
商体 212
剰余環 187, 189
剰余群 112
推移的 102
数学の建築術 20
整域 205
正規拡大体 253
正規部分群 109
操作 63
素構造 124
組成列 272
素体 198

タ行

体 194
第1同型定理 142
対称関数 221
対称群 114
対称多項式 221
対称的 102
代数的構造 53
第2同型定理 144
多項式環 181, 206
単位元 71
単位多項式 218
単項イデアル 202
単純拡大 229
単純群 266
単純代数的拡大 230
単純超越拡大 229
単生群 125
超越拡大 227
直積 130
直和 130
同型 18, 186
　——写像 100
　——対応 100
　——定理 190
動的体系 312

ナ行

ノルム 185
　——環 185

ハ行

パターン認識 13
反射的 102
左剰余類 79
表現 147
標数 197
副群 79
複合構造 124
複素数体 194
部分群 75
部分体 225
分解体 238
ペアノの公理 157

マ行

右剰余類 79

ヤ行

有限群 75
有限体 238
4元数体 194

ラ行

零因子 205

本書は、一九七二年五月三十日、筑摩書房より「数学講座」第一〇巻として刊行された。文庫化に当たり旧数学用語を改め、誤植を訂正した。

オイラー博士の素敵な数式	ポール・J・ナーイン 小山信也 訳	数学史上最も偉大で美しい式を無限級数の和やフーリエ変換、ディラック関数などの歴史的側面を説明した後、計算例を用い丁寧に解説した入門書。
遊歴算家・山口和「奥の細道」をゆく	鳴海 風 高山ケンタ・画	全国を旅して数学を教えた山口和。彼の道中日記をもとに数々のエピソードや数学愛好者の思いを描いた和算時代小説。文庫オリジナル。（上野健爾）
不完全性定理	野﨑昭弘	理屈っぽい話題とケムたがられる話題を、なるほどと納得させながら、ユーモアたっぷりにひもといたゲーデルへの超入門書。事実・推論・証明……
数学的センス	野﨑昭弘	美しい数学とは詩なのです。いまさら数学者にはなれないけれどもっと数学をやり直したい人のために応えてくれる心やさしいエッセイ風数学再入門。そんな期待に
高等学校の確率・統計	黒田孝郎／森毅 小島順／野﨑昭弘ほか	成績の平均や偏差値は日常感覚に近いものながら、実はが隔たりが！ 基礎からやり直したい人のために伝説の検定教科書を指導書付きで復活。
高等学校の基礎解析	黒田孝郎／森毅 小島順／野﨑昭弘ほか	わかってしまえば何だ！という微分・積分入門のための再入門。その基礎を丁寧にもといた検定教科書。挫折のきっかけにもなる微分・積分の入門
高等学校の微分・積分	黒田孝郎／森毅 小島順／野﨑昭弘ほか	高校数学のハイライト〈微分・積分〉！ その入門コース「基礎解析」に続く本格コース。公式暗記の学習からほど遠い、特色ある教科書の文庫化第3弾。
算数・数学24の真珠	野﨑昭弘	算数・数学には基本中の基本〈真珠〉となる考え方がある。ゼロ、円周率、＋と－、無限……。数学のエッセンスを優しい語り口で説く。（亀井哲治郎）
数学の楽しみ	テオニ・パパス 安原和見 訳	ここにも数学があった！ 石鹸の泡、くもの巣、雪片曲線、一筆書きパズル、魔方陣、DNAらせん……。イラストも楽しい数学入門150篇。

一般相対性理論　P・A・M・ディラック　江沢　洋 訳

一般相対性理論の核心に最短距離で到達すべく、卓抜した数学的記述で簡明・直截に書かれた天才ディラックによる入門書。詳細な解説を付す。（佐々木力）

幾何学　ルネ・デカルト　原　亨吉 訳

哲学のみならず数学においても不朽の功績を遺したデカルト『方法序説』の本論として発表された『幾何学』、初の文庫化！

不変量と対称性　今井淳／寺尾宏明／中村博昭

変えても変わらない不変量とは？　そしてその意味や用途とは？　ガロア理論から結び目の現代数学に現われる、上級の数学センスをさぐる7講義。

数とは何かそして何であるべきか　リヒャルト・デデキント　渕野昌訳・解説

「数とは何か」の二論文を収録。現代の視点から数学の基礎付けを試みた充実の訳者解説を付す。新訳。

数学的に考える　キース・デブリン　冨永　星 訳

ビジネスにも有用な数学的思考法とは？　言葉を厳密に使う、量を用いて考えるといったポイントからとことん丁寧に解説する。

代数的構造　遠山　啓

群・環・体など代数の基本概念の構造を、構造主義の歴史をおりまぜつつ、卓抜な比喩といっていい計算で確かめていく抽象代数入門。（銀林浩）

現代数学入門　遠山　啓

現代数学、恐るるに足らず。学校数学より日常の感覚の中に集合や構造、関数や群、位相の考え方を探る大人のための入門書。（エッセイ　亀井哲治郎）

代数入門　遠山　啓

文字から文字式へ、そして方程式とは何か」を巧みな例示と丁寧な叙述で「方程式とは何か」を説いた最晩年の名著。遠山数学の到達点がここに！（小林道正）

微分と積分　遠山　啓

微分積分は本質にねらいを定めて解説すれば意外に簡単なものである、と著者は言う。曖昧な説明や証明の省略を一切排した最高の入門書。（新井仁之）

ちくま学芸文庫

代数的構造(だいすうてきこうぞう)

二〇二一年十二月十日　第一刷発行
二〇二四年三月十日　第八刷発行

著　者　遠山　啓(とおやま・ひらく)
発行者　喜入冬子
発行所　株式会社　筑摩書房
　　　　東京都台東区蔵前二-五-三　〒一一一-八七五五
　　　　電話番号　〇三-五六八七-二六〇一（代表）
装幀者　安野光雅
印　刷　大日本法令印刷株式会社
製　本　株式会社積信堂

乱丁・落丁本の場合は、送料小社負担でお取り替えいたします。
本書をコピー、スキャニング等の方法により無許諾で複製する
ことは、法令に規定された場合を除いて禁止されています。請
負業者等の第三者によるデジタル化は一切認められていません
ので、ご注意ください。

© MIHOKO KURIHARA 2018 Printed in Japan
ISBN978-4-480-09417-9 C0141